现代农业实用技术系列丛书

设施育苗技术

李 强 主编

王 娟 邓小敏 副主编

中国农业大学出版社

·北京·

图书在版编目(CIP)数据

设施育苗技术/李强主编 . —北京：中国农业大学出版社,2017.1(2020.4 重印)

ISBN 978-7-5655-1750-1

Ⅰ.①设…　Ⅱ.①李…　Ⅲ.①育苗-设施农业

Ⅳ.①S604②S62

中国版本图书馆 CIP 数据核字(2016)第 296250 号

书　名	设施育苗技术	
作　者	李　强　主编	

策划编辑	赵　中	**责任编辑**	洪重光　郑万萍
封面设计	郑　川	**责任校对**	王晓凤
出版发行	中国农业大学出版社		
社　址	北京市海淀区圆明园西路 2 号	**邮政编码**	100193
电　话	发行部 010-62818525,8625	读者服务部	010-62732336
	编辑部 010-62732617,2618	出 版 部	010-62733440
网　址	http://www.cau.edu.cn/caup	**E-mail**	cbsszs @ cau.edu.cn
经　销	新华书店		
印　刷	北京鑫丰华彩印有限公司		
版　次	2017 年 1 月第 1 版　　2020 年 4 月第 5 次印刷		
规　格	787×1 092　32 开本　　6.375 印张　　120 千字		
定　价	15.00 元		

图书如有质量问题本社发行部负责调换

内 容 提 要

　　本书是根据农业现代化、工厂化育苗需要而编写的,作为新型职业农民使用的技术参考书。

　　全书共分七章,内容包括设施育苗的基本要求、穴盘育苗技术、嫁接育苗技术、扦插育苗技术、营养钵育苗技术、组织培养育苗技术和工厂化育苗技术。

　　本书内容全面具体,根据当地的蔬菜和花卉种类科学地进行编写。可操作性强,语言简练,通俗易懂。

总　　序

　　把从业农民招进校门,把教室设在田间地头、果园、畜舍,把课堂办在离农民最近的地方,实行"农学交替",让农民朋友能够边学习、边生产、边创业,在学习中不断提升实践技能,将农民朋友培养成有文化、懂技术、会经营的农村实用型人才。在国家改革发展示范校的建设中,我校将这种培养模式确定为"送教下乡"人才培养模式。这样既符合职业学校"人人教育、终身教育"的办学理念,又符合中等职业学校"为生产、服务、管理第一线培养实用人才"的人才培养目标定位。

　　随着"送教下乡"教学工作的有序进行,我们发现给从业农民使用的国家统编教材课程内容追求理论知识的系统性和完整性,所涉及的知识理论性强,并且过深、过难;教材更新周期过长,知识更替缓慢,课程内容不能及时反映新技术、新工艺、新设备、新标准、新规范的变化,所学技能落后于当前农业生产实际。统编教材与农民朋友生产需求相差甚远,严重影响了"送教下乡"农民朋友学习的积极性。因此,为了满足教学的需要,我们根据农民朋友知识结构和生产项目等的特殊性,进行深入的调研,编写了这套《现代农业实用技术系列丛书》,共八册。

　　本套丛书从满足农民朋友生产需求,促进农民朋友发展的角度,在内容安排上,充分考虑农民朋友急需的技术和知识,突出新品种、新技术、新方法、新农艺的介绍;同时注重理论联系实际,融理论知识于实际操作中,按照农民朋友的知识现状和认知规律,介绍实用技术,突出操作技能的培养。让农民朋友带着项目选专业,带着问题学知识,真正达到"边学边做、理实一体"的学习目标。

由于农业技术不断发展和革新,加之编者对农业职教理念的理解不一,本套丛书不可避免地存在不足之处,殷切希望得到各界专家的斧正和同行的指点,以便我们改进。

本套丛书的正式出版得到了蒋锦标、刘瑞军、苏允平等职教专家的悉心指导,以及农民专家徐等一的经验传授。同时,也得到了中国农业大学出版社以及相关行业企业专家和有关兄弟院校的大力支持,在此一并表示感谢!

抚顺市农业特产学校

2016 年 10 月

前　言

　　本书是根据农业现代化、工厂化育苗需要而编写的,作为新型职业农民使用的技术参考书。

　　全书共分七章,内容包括设施育苗的基本要求、穴盘育苗技术、嫁接育苗技术、扦插育苗技术、营养钵育苗技术、组织培养育苗技术和工厂化育苗技术。

　　本书内容全面具体,根据当地的蔬菜和花卉种类科学地进行编写。可操作性强,语言简练,通俗易懂。

　　本书内容第一章设施育苗的基本要求、第四章扦插育苗技术、第五章营养钵育苗技术、第七章工厂化育苗技术由李强编写;第二章穴盘育苗技术、第三章嫁接育苗技术由王娟编写;第六章组织培养育苗技术由邓小敏编写。在编写过程中,抚顺市抚顺农业特产学校有关领导给予大力支持,在此表示衷心感谢。

　　由于作者水平有限,加之时间仓促,不当之处在所难免,恳请各位同仁批评指正。

编　者

目 录

第一章 设施育苗的基本要求

知识目标　了解设施的类型。

理解育苗容器和基质。

理解各种环境因子对育苗的影响。

掌握电热温床的铺设技术。

能力目标　能识别各种类型的温室。

掌握基质的配制方法。

能对苗期环境进行调控。

掌握电热温床的铺设。

第一节　育苗设施及辅助设施

【工作内容】

1. 观察各种类型温室的特点

温室是以日光为能源,具有保温蓄热砌体围护和外覆盖保温措施的建筑体,冬季无须或只需少量补温,便能实现周年生产的一类具有中国特色的保护设施。

温室参数:温室方位角以正南或南偏西 5°。前屋面采光角在北纬 40°地区最好底脚部分呈 30°~35°,中段 20°~30°,上段 15°~20°。后屋面角度大于当地冬至太阳高度角 7°~

8°。温室长度以 70 米左右为宜。温室跨度 7～9 米。温室后墙高 2.5～4.5 米，脊高 3.5～5 米。

温室建造：

墙体建造：内外墙均砌二四墙，中间留出 11.5 厘米空隙，填炉渣、珍珠岩，外贴 10 厘米聚苯板。后墙顶部筑钢筋混凝土梁。

拱架制作：6 分镀锌管做顶梁，再用 10 号钢筋做拉筋，12 号钢筋做下弦，上下弦间距 20 厘米，每个骨架间距 85 厘米，最高处用 5 厘米×5 厘米槽钢，温室中部用两根 4 分镀锌管拉筋。

后屋面建造：用 2 厘米木板铺在底部，再铺 5 厘米厚的聚苯板，5 厘米稻草，再铺炉渣，抹水泥、砂浆，最后防水用两毡三油。

2. 观察各种类型大棚的特点

大棚的类型有竹木结构大棚、装配式钢管大棚、菱镁拱架结构大棚、玻璃钢拱架结构大棚。

3. 观察地膜覆盖、遮阳网覆盖栽培的特点

地膜的类型有普通地膜、黑色膜、绿色膜、黑白双色膜、银色膜、除草膜、红外膜。

4. 参观连栋温室

记录温室的参数，总结连栋温室特点。

校内实习厂连栋温室性能和特点：采用文洛型温室 9.6 米跨度，4 米开间，肩高 4 米，顶高 4.8 米，顶部阳光板结构，四周双层中空玻璃结构。

一、温室参数

①温室规格:48 米×28 米。

②温室东西方向 5 个连跨,跨度 9.6 米,长为 48 米;南北方向 7 个开间,开间宽 4 米,总宽 28 米;檐高 4 米,顶高 4.8 米。

③单栋温室面积为 1 344 米²。

二、温室主要技术指标

①抗风载:0.35 千牛/米²。

②抗雪载:0.5 千牛/米²。

③吊挂荷载:0.15 千牛/米²。

④最大排雨量:140 毫米/小时。

⑤雨槽坡度:2.5‰。

⑥电源参数 220 伏/380 伏,50 赫兹。

三、主要材料及设备配置

1.温室骨架

温室主体骨架为轻钢结构,采用国产优质热镀锌钢管及钢板加工,正常使用寿命 15～20 年。骨架各部件之间均采用镀锌螺栓、自攻钉连接。

根据温室面积大小及承载能力,选用温室主体骨架参数如表 1-1 所示。

表 1-1 温室主体骨架参数

名称	参数
棚头立柱	双面热镀锌矩型钢管 100 毫米×100 毫米×3 毫米
立柱	双面热镀锌矩型钢管 100 毫米×50 毫米×3 毫米
桁架和纵拉杆	双面热镀锌"几"字型钢
复合式焊接横梁	双面热镀锌矩型钢管 50 毫米×50 毫米×2 毫米
水槽	冷弯热镀锌钢板,$\delta=2.0$ 毫米(温室采用内排水,内排水要求无落水管,以减轻对温室的遮光)

2.温室覆盖材料

(1)顶部 采用国产聚碳酸酯(PC)板覆盖,厚度 10 毫米,采用铝合金型材固定,橡胶条密封。

(2)立面 采用双层玻璃覆盖,玻璃规格为 4 毫米+9 毫米空间+4 毫米,采用铝合金型材固定,橡胶条密封。

3.外遮阳系统

采用 70%遮阳率遮阳网、国产专用托幕线、专用齿轮齿条、专用电机。本系统采用电机+齿轮齿条驱动机构。遮阳网采用国产优质黑色遮阳网,遮阳率 75%,保质期 8 年。传动系统中电机采用优质专用的 WJD 80 型电机,遮阳网应自动收放。由于是外遮阳,所以要求其网的强度高,抗老化性能好。天福网采用"结结交连,环环相扣"的特殊织法织造,网体非常牢固,随意剪裁不脱线,平均强度较一般遮阳网结构的大 3 倍,网体平均抗拉力强度大 2.35 倍,耐磨强度大 40 倍,耐撕强度大 9.5 倍,其强度足以承受 12 级以上的台风袭击而丝毫无损。网体采用最新抗脆化的特殊配方能够经得起烈日、寒霜、强风、暴雨、冰雹等的袭击而不易脆化断裂,耐候性强,比一般的网耐用程度强 5 倍以上。

4. 内保温系统

采用斜拉自走式新技术,降低温室加热体积,全封闭、防结露。本系统包括控制箱及电机、减速器、时间继电器、支撑钢材、保温幕、卡簧卡槽等。

控制箱:该箱内装配有幕展开与合拢两套接触器件,可手动开停,又可通过时间继电器实现自动停车。

传动设备:由减速电机连接件组成。通过减速电机与之连接的驱动轴输出动力。

传动轴:采用 $\phi 32 \times 3$ 钢管,电动机安装在驱动轴一侧。

5. 自然通风系统

为了更好地控制温室温度、节约能源,当气温不太高的时候,设置自然通风系统。在温室顶部设天窗,顶开窗采用分段单侧开启的形式,由 1 台电机控制,东侧设侧开窗,侧开窗系统由 1 台电机控制。采用温室专用减速电机加齿轮齿条驱动系统;轴及连接件为国产热镀锌件。

密封:窗框采用温室专用铝型材,四周采用橡胶密封条。

覆盖材料:选用与顶部覆盖材料一样的 10 毫米 PC 板。

6. 湿帘风机降温系统

每栋温室采用 6 台大流量轴流风机,功率.0.75 千瓦/台。湿帘长度 24 米,高度 1.5 米,总面积 36 米²。套外翻式侧窗,齿轮齿条机构电动操纵。湿帘风机降温系统利用水的蒸发降温原理实现降温目的。系统选用瑞典技术生产的湿帘、水泵系统以及国产大风量风机。降温系统的核心是能确保水均匀地淋湿整个湿帘墙。空气穿过湿帘介质时,与湿帘介质表面进行的水气交换将空气的温度降低。

该系统由湿帘、循环水系统、轴流式风机和控制系统 4 部分组成。湿帘采用瑞典蒙特公司产品,保证有大的湿表面与流过的空气接触,以便空气和水有充分的时间接触,使空气达到近似饱和,与湿帘相配合的高效风机足够保证室内外空气的流动,将室内高温高湿气体排出,并补充足够的新鲜空气。

通常温度 20~25℃、相对湿度不超过 75% 的环境是最佳气候条件。实践证明,采用"湿帘风机降温系统"的蒸发降温设施是一种有效的降温方法。蒸发降温系统能减少室内水分蒸发,并能改善工作环境。此外,湿帘还能净化进入的空气。

太阳辐射是主要热负荷。表 1-2 给出的通风量是根据遮阳设施的类型及进入的太阳辐射量而确定的。

表 1-2　太阳辐射、遮阳率与每平方米面积所需通风量

遮阳率/%	太阳辐射/(900 瓦/米²)	通风量/[米³/(米²·小时)]
40	540	270
50	450	225
65	315	190
75	225	180

经计算,采用湿帘总长约为 24 米。

风机设计说明:采用的风机的电机功率为 0.75 千瓦,每台风机的出风量为 20 000 米³/小时。

需要说明的是,实际情况下,考虑到能量的损失和极限光照强度,可适当增加湿帘长度和风机数量。

(1)湿帘　高 1.5 米,总长 24 米(包括铝合金框架)。在维护良好的条件下,使用寿命 5~10 年。湿帘布置在北侧景观温室矮墙上面。

(2)水泵　2 台,每台水泵电机功率为 1.1 千瓦,供水装置 2 套。

(3)风机　7 台,外形尺寸 1 000 毫米×1 000 毫米×400 毫米,扇叶直径 900 毫米,每台排风量为 20 000 米³/小时,每台功耗 1.1 千瓦。

侧翻窗采用铝合金窗框及窗边,美观实用,密封性强。采用 1.95 米大宽度窗户,配合 1.5 米湿帘,通风量大,降温效果明显。侧翻窗通过传动轴齿轮带动齿条,使整扇窗户同步开合,运转平稳,故障率低,耐用持久。传动系统中电机采用北京东方海升机械公司生产的 WJD 40 电机,齿轮齿条采用荷兰 RIDDER 品牌。

循环水系统配置:采用进口叠片式过滤器;主管路采用 UPVC 管;支管路采用国产防老化、抗紫外线的 PE 管;喷头采用折射式微喷。可单独进行控制,以便满足不同作物水分的要求。

7. 空气热泵加温系统

采用空气热泵加温系统,节能环保。二氧化碳热泵是指以天然气体 CO_2 作为制冷剂的热泵。CO_2 是一种不破坏大气臭氧层(ODP=0)和全球气候变暖很小(GWP=1)的天然制冷剂,有良好的安全性和化学稳定性,CO_2 安全无毒,不可燃,适应各种润滑油及常用机械零部件材料,即便在高温下也不分解产生有害气体。因此,在对环境保护呼声日益重视的现在,CO_2 作为制冷剂越来越被人们看好。前国际制冷学会主席 G. Lorentzen 认为 CO_2 是无可取代的制冷工质,指出其可望在热泵领域发挥重要作用。

CO_2 具有与制冷循环和设备相适应的热力学性质。

①CO_2 的蒸发潜热较大,单位容积制冷量相当高。

②具有良好的输运和传热性质,CO_2 优良的流动和传热特性,可显著减小压缩机与系统的尺寸,使整个系统非常紧凑。

③由于 CO_2 的临界温度很低(304.21 开),因此 CO_2 的放热过程不是在两相区冷凝,而是在接近或超过临界点的区域的气体冷却器中放热。

④在 CO_2 跨临界制冷循环中,其放热过程为变温过程,有较大的温度滑移。这种温度滑移正好与所需的变温热源相匹配,是一种特殊的劳伦兹循环,当用于热泵循环时,有较高的放热系统。在超临界压力下,CO_2 无饱和状态,温度和压力彼此独立。

⑤与常规制冷剂相比,CO_2 跨临界循环的压缩比较小,

为 2.5～3.0,可以提高压缩机的运行效率,从而提高系统的性能系数。

8.灌溉施肥系统

配置喷灌滴灌相结合,前端加施肥系统。温室配合苗床配置滴箭系统,A 区配置滴灌系统。另外在温室每区靠近湿帘侧(北棚头)设 2 处水龙头供日常清洗用水。

(1)滴箭系统　温室配合移动苗床配置滴箭灌溉系统。该系统采用进口滴箭组合,滴量均匀,不受压力影响,具有高出流均匀度;可按作物间距灵活排放。

①设计要求。要求具有一定压力和流量的水源进入温室,水压达到系统设计压力,水质达到市政自来水洁净程度。

②配置说明。在移动苗床上铺设 PE 管,滴箭根据种植作物与 PE 管组合,每盆一个滴箭。主要用于种植槽、无土栽培及盆栽作物的灌溉与施肥。

温室的首部,装置过滤、测量和手动控制装置。按种植方向每排苗床布置 3 排 PE 管,间隔 0.5 米布置 4 根滴箭,每根滴箭毛管长 0.6 米。

(2)滴灌系统　温室 B 区灌溉采用滴灌系统。该系统采用以色列耐特菲姆公司进口优质滴灌管,其标准工作压力为0.1 兆帕,滴头流量为 2 升/小时,滴头间距为 30 厘米(说明:此为常用标准参数,具体参数要依据种植情况选定),产品设备包括阀门,过滤器,PE 管,滴灌管等。

(3)自动施肥系统

①系统简介。自动施肥机是计算机自动控制系统Eldar-

Shany 公司精心研制、生产的高科技产品。此系统设计独特,操作简单,配置模块化,能够按照用户任意设置的灌溉施肥程序,进行灌水施肥及 EC/pH 的实时监控,是一种应用广泛的开放式系统。

该系统的工作原理是通过一套文丘里泵将肥料养分注入灌溉水,提高水肥的耦合效应及利用率。另外系统配备可编程控制器,能精确控制灌溉时间、灌溉频率以及灌溉量等,因此作物能及时准确地得到水分和养分的供应。

②技术参数。

控制器供电电源:220 伏/50 赫兹(或 115 伏/60 赫兹),偏差不超过±7%。

灌溉系统的压力:0.2~0.5 兆帕(2~5 巴)。

控制器的输入/输出数量:根据需要进行配置。

③基本组成。

a.灌溉首部:包括液压水表阀门、可调式压力调节阀、水压继电器、压力计、过滤器及各种配套装配件。

b.自动控制装置:包括 EC 和 pH 采样监控单元、Galileo 可编程控制器、控制面板。

c.施肥部分:包括一套文丘里肥料泵及流量调节器、专用电动水泵。

d.不锈钢框架:自动灌溉施肥机上所有的部件都按模块化方式紧凑地装配在不锈钢框架上。

e.营养液桶和输水管道及各种附件。

④功能特性。用户可以通过控制器键盘直接进行灌溉

施肥程序的设计,设计的灌溉程序多达 100 个,施肥程序多达 20 个,通过这 100 个独立的灌溉程序和 20 个施肥程序能够自动执行不同定量或定时设置的灌溉施肥过程。

a. 能精确按比例均衡施肥,实现 EC 和 pH 的实时监控。

b. 此系统具有较广的灌溉流量和灌溉压力适应范围。

c. 装有灌溉施肥自动报警系统。

d. 灌溉系统错误或故障解决后,能够自动恢复运行。

e. 当发生断电或电源故障时,内置的高能锂电池可支持可编程控制器的内存及时备份所有的控制程序和数据信息。

f. 2 个过滤器的反冲洗操作程序分 2 组控制,最多可控制 10 个过滤器。

g. 能够执行 20 个定时或条件控制的雾喷程序。

h. 施肥机可与环境气候控制系统相结合,共同组成一个可由中央计算机控制的网络,能够通过软件的设置,实现数据采集数据处理以及相应装置的控制,从而方便地完成各种任务序列。

9. 二氧化碳补充系统

智能化温室 CO_2 补气系统采用国产 WM-Ⅱ型气体肥料发生器。智能化温室 CO_2 补气系统采用国产 WM-Ⅱ型气体肥料发生器。该设备为专利产品,可产生纯净的高浓度气体肥料——CO_2,明显提高作物光合作用,使植株生长加快,根系发达,枝繁叶茂,增产增收。本产品经济实用,外形美观,安全可靠,操作方便。温室每区配置 1 台,共计配置 8 台。

（1）系统功能

①可大幅提高温室作物单产率，作物产量增加 30%以上。

②可提高作物的抗病能力，减少发病率。

③可调节作物产出的糖分、淀粉等，提高产品质量。

④可提前或推迟花期，控制作物的成熟时间，以获得最佳的经济效益。

（2）产品特点

①结构紧凑：将储酸器、计量环、反应器、净化器四大部分融合为一个整体，各部之间既相互隔离又相互连通。

②外形美观：全部装置呈传统的"宝瓶型"设计。

③安全可靠：本发生器壁厚有几倍的安全系数，即使加酸调节阀完全打开也不会因为内部气压过大而发生爆炸。

④操作方便：特别设计了微调结构，可调节加酸速度，从而控制产生 CO_2 的数量。每加一次酸可使用 1 周左右，方便实用。

10.数字采集及自动控制系统

温室环境气候控制系统由先进的控制器、性能可靠的传感器和完善的尖端控制程序组成，是农业自动控制系统能够监测和控制温室内部植物生长所需要的最适宜环境的最理想的控制系统。

（1）控制过程　首先系统将各个环境参数传感器的模拟输入信号通过控制器进行采集，再经过系统的自动分析比较、数据处理与转换，然后启动控制柜中的电磁继电器，运行相关的环境参数调节设备,从而来维持温室内部较为恒定的植物生长环境。

(2)技术参数

①每个温室中可选的最大控制输入/输出数量。

输出 通风窗/通风孔:10 组;风扇:4 组;循环风扇:4 组;加热器:4 组;冷却系统:4 组;遮阳网:2 组;CO_2 发生器/阀门:4 组;雾化/蒸发喷药:4 组;备选自由输出:4 组;报警输出:10 组。

模拟输入(传感器) 温度:4 组;湿度:最多可达 20 组;CO_2:1 组;风速:1 组;风向:1 组;雨量:1 组;室外温度:1 组;光照辐射:1 组;备选输入:4 组。

数字输入 系统故障/错误信号输入:10 组;通风窗状态:6 组。

②控制器的供电电源的技术要求:220 伏,50 赫兹,0.5 安,115 伏,60 赫兹,1.0 安。

③Galileo 可编程控制器的供电电路必须符合最小电流为 2 安。

(3)气候控制系统

①控制器:是一个功能强大的模块化自动控制器,通过在控制器主板上增加或减少控制输入/输出卡,它可以从最精巧的控制集成单元(16 路输出,8 路数字输入,8 路模拟输入)到具有 192 路输入/输出的功能强大的控制器之间随意变换,Galileo-2000 型可以控制 4 个先进的温室气候控制系统或 2 个温室气候控制加 1 个灌溉系统控制。

②系列环境参数传感器：控制所用的传感器经过精心的选择和严格的测试，反应灵敏，测定精确，性能可靠。

③"智能化"控制微处理程序：包括一个综合性的，使用灵活的，由许多控制应用程序模块构成的软件包，它是一个开放式的系统，能够适应各种类型种植者的控制需要，而无须进行任何程序修改，且此处理器系统能够识别任何输出电流在 4～20 毫安的传感器信号。

④通信系统：Galileo 计算机控制系统的通信系统有直接通信、调制解调器（MODEM）通信、无线电等通信方式。常采用直接通信的方式，其适配器是国际标准的 L485 通信适配器，有通信雷电保护功能。

⑤中心计算机控制软件：它是基于 Windows 2000 的计算机控制软件，同时伴以动画形式的生动展示和实时检测系统，可进行编程和数据储存，它全面考虑了风、雨、温度、湿度和日照辐射等环境因素水平以及各种不同的气候控制过程之间的相互关系，是一个功能强大、完善的计算机控制系统。

（4）系统控制的设备

①顶部通风窗：程序设计了多达 10 级打开状态，含窗户位置自动校正以及特殊时间段运行程序的选项，依据不同的设定条件，每组通风窗可预设每日 3 个不同时段的打开状态。

②内外遮阳幕：可根据温度/日照辐射决定遮阳网的展开或卷起，也可以由预定的时间段来控制遮阳网的展开或卷起。

③加热系统:通过读取一个温度传感器的数据或多个传感器的平均值来控制气体加热器、锅炉、热水循环泵或阀门。

④冷却降温系统:包括由设定温度条件控制的湿帘降温系统、雾化器、雾喷或空调等。当启动湿帘降温系统运行时,控制阀门按照顺序启动。

⑤灌溉系统:可根据预先设定的灌溉时间及灌水量,自动启动灌溉系统,进行灌溉。

⑥通风系统:用以降低温度及湿度,一般由温度控制几组风扇的运行,此时天窗关闭,北窗或侧窗打开。

⑦空气循环:通过内部的循环风扇使热空气、CO_2 气体或杀虫剂均匀分散于整个温室有效空间,或者用于植物叶片露水的驱除。

⑧报警装置:用以报警提示系统运行错误和极端恶劣的气候条件。用户可以自由选择不同的报警声音。Eldar 计算机控制系统可以为灌溉系统设置 24 个警报监控条件,对灌溉系统进行全方位的监控,同时对气候控制系统的所有设备的马达运行故障和温湿度感应探头及其他传感器进行报警监控。通过严密的报警监控系统确保灌溉和气候控制系统的运行达到完善、精确。

(5)中心控制计算机的系统硬件要求 预装 Windows 2000 的 PC 机 1 台,使用 PIV 以上的中央处理器,128 M 内存,4 M 以上显存;

10 G 以上硬盘,1.44 M 软盘驱动器 1 个;17″显示器,配备鼠标、键盘、网卡、彩色喷墨打印机 1 台;显示器的显示设置为 1 024×768 像素;高分辨率,真彩色;打印机接口和串口 COM1-COM2。

11.温室除雪装置

温室除雪装置具有独立系统循环、免维护、节能的优点。

(1)抚顺地区降雪量分析　根据气象部门提供资料,抚顺地区最大积雪深度为 26 厘米。

(2)板式换热器可行性分析　采用板式换热器,以 SE50 型为例(二组 80 片),最大传热面积 30 米^2、流量 104(米^2/小时)。每小时输出热量大于 30 万千卡(1 千卡≈4 186 焦),按大暴雪 5 毫米降水量计算,3 小时内可以融掉。该产品体积小,安装维修方便。换热面积可在一定范围内增减(每组外形尺寸为 710×315×1 400)。

(3)该系统主要构成　本系统据有支持天沟保温、运转费用低、自动控制、安装维护简便等特点。本系统包括加热循环部分、循环融雪液介子、热交换系统、自动控制强制循环系统、高点泄压阀等。融雪管线采用国产优质开泰管,使用寿命 20 年以上。南北两侧设两道主管线,管线规格为 ϕ50。每道天沟上设两根融雪管,每道天沟两侧各设一个阀门,便于维修。天沟北侧各设一个循环泵,对系统内融雪液进行强制循环,保证系统内散热均衡。融雪液通过换热装置与供暖系统分开独立循环。融雪液采用特殊介子,在非使用阶段可保留在系统内,不必排出,免维护。在融雪系统高端设多个排气阀,保证系统正常运行。

控制系统采用温控、电动两用控制手段。可自动控制也可人为控制,使除雪效果达到最佳。

换热系统采用板式换热器,热回收率可达 98%。

12. 土建及操作间

温室基础深 2.0 米(根据冻土层来定),C20 混凝土现场浇注(可根据当地地质状况适当调整)。温室内部为点式基础,四周采用条形基础,现场浇注圈梁,用以提高温室整体强度,温室四周地面以上采用 0.8 米高砖墙水泥砂浆抹面,起到保温并预防冬季扫地风的作用。温室外四周做一圈厚 5 厘米,宽 0.6 米,斜度 4% 的 150♯ 散水,防止基础被直接冲刷。

①温室操作间:建议在温室北侧设立操作间,管理方便、保温效果好。

②室内地面:温室中部南北及东西铺设宽 2 米,厚 0.15 米的水泥路面。

③室外散水:温室外四周做宽 0.6 米,厚 0.1 米散水。

13. 环流风机

环流风机是风机的一种类型,是依靠输入的机械能,提高气体压力并排送气体的机械。环流风机广泛适用于温室、大棚、畜禽舍的通风换气。尤其对封闭式连栋温室,按定向排列方式做接力通风,可使空间湿热空气流动更加充分,降温效果极佳。是理想的纵向、横向循环风流、通风降温设备。

14. 苗床

(1)配置说明 温室配置移动式苗床系统。苗床采用热镀锌骨架、铝合金边框,其组成主要包括苗床床面、主体构架、滚轴、防翻部件等。

其具体配置如下:

①规格:1.5 米×30 米×0.7 米(宽×长×高),共 28 个,面积 1 260 米²。

②规格:1.5 米×30 米×0.7 米(宽×长×高),共 28 个,面积 1 260 米²。

③移动苗床的实际设置总面积为 2 520 米²。

(2)移动苗床特点 主体结构材质采用双面热镀锌钢件,边框部分采用铝合金结构;可左右移动较长距离,使温室的实际使用面积得到显著提高,在高度方向上可以进行微调;具有防翻限位装置,防止由于偏重引起的倾斜问题;可在水平方向两个苗床间产生约 0.6 米的作业通道;苗床组件可方便地拆卸和组装。

15. 配电控制系统(包括照明、补光)

(1)电动控制系统 温室采用电动控制系统对遮阳、通风等配套系统实施有效控制。该系统经济实用,适用于大型生产、观赏性温室以及生态酒店。

温室每区配备一个综合配电箱。配电箱带有自动和手动转换装置,以便于设备的安装及维修等工作的顺利进行。

变压器等外部构件由用户负责,需要把主电源线接到温室的电控箱内(电源电压上下波动不能超过±5％,如波动幅度超过±5％,建议用户方配备稳压器)。

(2)照明系统　本次设计采用防水型日光灯。

①产品特性:灯罩外围有一层防水罩,可防止露珠进入灯体导致损坏;可有效减少由撞击和其他原因造成的灯体损坏等现象;灯体外形新颖,形状各异,维修简便,可用来装饰;灯体机械强度高;可直接安装在普通可燃物质表面。

②组成:灯体、灯座、启动器、灯罩等。

③类型:单管功率40瓦防爆灯,额定电压220伏。

(3)布线方式　为用电方便安装防水防溅插座,其位置及型号按规范布置;室内导线采用防潮型RVV塑料套线,信号线为RVVP屏蔽导线;为使室内美观,布线采用穿管暗敷方式;按需要设接地极,并将接地线引至所需位置;所有电源线、控制线、传感器信号线等导线及电气安装敷料。

(4)补光系统　光照是植物进行光合作用的必要因素,对喜光作物尤为重要。温室设置补光系统,系统采用进口农用生物补光钠灯。该农艺钠灯是一种设计用于园艺市场的高强度钠气灯,它可以提供较理想的,与植物生长需求相吻合的光谱分布,不论是针对光合作用,还是为自然植物的生长创立了准确的"蓝"和"红"的能量平衡,光谱分布的改善使作物生长的环境更好控制,并且使作物生长得更好和质量更高。

温室各个功能区合理布置GE农用补光钠灯。

连栋温室示意图见图1-1。

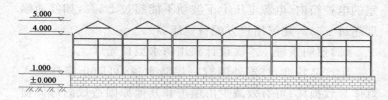

图 1-1　连栋温室示意图(单位:米)

【注意事项】

①总结各种类型温室、大棚的结构参数。

②操作机械时注意安全。

【问题处理】

①机械的保养。

②喷雾器的维护。

第二节　育苗容器及育苗基质

【工作内容】

1. 配制基质

观察各种类型育苗基质,了解其特点。

草炭土即泥炭,是沼泽发育过程中的产物。草炭土形成于第四纪,由沼泽植物的残体,在多水的嫌气条件下,不能完全分解堆积而成。含有大量水分和未被彻底分解的植物残体、腐殖质以及一部分矿物质。草炭土有机质含量在 30% 以上(国外认为应超过 50%),质地松软易于散碎,相对密度

0.7～1.05,多呈棕色或黑色,具有可燃性和吸气性,pH 一般为 5.5～6.5,呈微酸性反应,呈层状分布,称为泥炭层。草炭土是沼泽发展速度和发育程度的重要标志,是一种宝贵的自然资源。优质的草炭土颜色呈深灰或黑色,有腥臭味,能看到未完全分解的植物结构,浸水体胀,易崩解,有植物残渣浮于水中,干缩现象明显。

蛭石是一种天然、无毒的矿物质,在高温作用下会膨胀。它是一种比较少见的矿物,属于硅酸盐。其晶体结构为单斜晶系,从外形看像云母。蛭石是一定的花岗岩水合时产生的。它一般与石棉同时产生。由于蛭石有离子交换的能力,它对土壤的营养有极大的作用。2000 年世界的蛭石总产量超过 50 万吨。最主要的出产国是中国、南非、澳大利亚、津巴布韦和美国。蛭石矿物的名称来自拉丁文,带有"蠕虫状""虫迹形"的意思。蛭石被突然加热到 200～300℃后会沿其晶体的 c 轴产生蠕虫似的剥落,形态酷似水蛭,它也由此获名。蛭石是一种层状结构的含镁的水铝硅酸盐次生变质矿物,原矿外形似云母,通常主要由黑(金)云母经热液蚀变作用或风化而成。蛭石有时以粗大的黑云母样子出现(这是蛭石的黑云母假象),有时则细微得成为土壤状。把蛭石加热到 300℃时,它能膨胀 20 倍并发生弯曲。蛭石一般为褐、黄、暗绿色,有油一样的光泽,加热后变成灰色。蛭石可用作建筑材料、吸附剂、防火绝缘材料、机械润滑剂、土壤改良剂等,用途广泛。

蛭石按阶段性可以划分为蛭石片和膨胀蛭石,按颜色分类可分为金黄色蛭石、银白色蛭石、乳白色蛭石。

蛭石片经过高温焙烧其体积可迅速膨胀 6～20 倍,膨胀后的密度为 60～180 千克/米³,具有很强的保温隔热性能。

蛭石用于温室大棚内,具有疏松土壤、透气性好、吸水力强、温度变化小等特点,有利于作物的生长,还可减少肥料的投入。在刚刚兴起的无土栽培技术中,它是必不可少的原料。蛭石能够有效地促进植物根系的生长和小苗的稳定发育,长时间提供植物生长所必需的水分及营养,并能保持根阳光温度的稳定。蛭石可使作物从生长初期就能获得充足的水分及矿物质,促进植物较快生长,增加产量。

炉渣又称熔渣。火法冶金过程中生成的浮在金属等液态物质表面的熔体,其组成以氧化物(二氧化硅、氧化铝、氧化钙、氧化镁)为主,还常含有硫化物并夹带少量金属。煤在锅炉燃烧室中产生的熔融物,由煤灰组成。可作为砖、瓦等的原料。

好的基质应该具备以下几项特性:理想的水分容量;良好的排水能力和空气容量;容易再湿润;良好的孔隙度和均匀的空隙分布;恰当的 pH(6.5～7.5);富含秧苗生长需要的矿质营养,基质全氮含量应在 0.8%～1.2%,速效氮含量达到 100～150 毫克/千克;基质颗粒的大小均匀一致;无植物病虫害和杂草;每一批基质的质量保持一致。

营养土配方为草炭土:马粪:蛭石:河沙=5:3:1:1,把所需要的基质过筛,按照配方比例进行混配。

2.选用育苗容器

观察各种育苗容器,掌握育苗容器的特点。图 1-2 和1-3 所示为常见育苗盘。黄瓜选用直径 10 厘米的营养钵,芹菜选用 108 孔穴盘。

图 1-2　600 毫米×235 毫米×55 毫米规格育苗盘

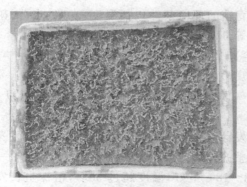

图 1-3　540 毫米×400 毫米×100 毫米规格育苗盘

3.消毒

育苗容器消毒方法：使用较为安全的季铵盐类消毒剂。

【注意事项】

①对于基质应考虑来源，及时进行消毒处理。

②育苗容器在使用后，应及时消毒。

【问题处理】

穴盘消毒方法：经过彻底清洗并消毒的穴盘，亦可以重复使用，推荐使用较为安全的季铵盐类消毒剂（也可以用于灌溉系统的杀菌除藻，避免其中细菌和青苔滋生）。不建议用漂白粉或氯气进行消毒，因为氯会与穴盘中的塑料发生化学反应产生有毒的物质。

第三节　育苗环境控制

蔬菜育苗的环境条件包括温度、光照、水分、矿质营养、气体条件等方面。

【工作内容】

1.温度的调节

根据气候条件适时播种，在保护地育苗可以人工调节温度。

种子发芽需 21～23℃，温度低于 15℃很难发芽，20℃以下发芽不整齐。幼苗期在冬季以 7～13℃为宜，3—6 月份生长期以 13～18℃最好，温度超过 30℃，植株生长发育受阻，花、叶变小。因此，夏季高温期，需降温或适当遮阳，来控制植株的正常生长。长期在 5℃ 低温下,植株易受冻害。

加温方法:清洗棚膜,增加透光;增加覆盖,在温室内加一层棚膜增加温室保温;利用锅炉暖气加温;利用电加温,电暖器、电热线临时取暖。

降温方法:放风,开始放小风,随外界气温升高加大放风;用遮阳网、竹帘遮阳,降低温度;地面浇井水,叶上喷水,向棚膜上喷水来降低温度。

2. 光照的调节

大多数植物育苗都需要充足的光照,增加光照的方法有:①清洗棚膜,每天早晨可以用笤帚或拖布自上而下把尘土及碎草等清扫干净。②悬挂镀铝膜做反光幕。③人工补光,每平方米用 80 瓦功率的农用生物效应灯或白炽灯。

3. 水分管理

播种前,育苗床基质水要浇透,然后播种。这样在出苗前基本不用浇水。

出苗后,在子叶展开之后则要根据环境变化和植株长势,控制穴孔基质下半部见干见湿。可以在浇水前挖起一部分基质,观察下半部分是否有一定的湿度。也可以抬起穴盘看看穴盘底部的基质是否变干,以此决定是否补充水分。通过浇水,让 10% 的水渗出穴盘外,便可进入湿水时期。当施肥或灌药的时候,必须浇透。而浇清水时则只需浇至水流过穴盘。

对于比较小的蔬菜苗,可以采用浸土法浇水,就是把育苗盘放在水池里,让水从基质下部逐渐渗透到上部,这样不浇小苗,防止浇水倒伏。

苗长到一定大小,真叶展平,就可以用喷壶或喷雾器浇水,也可以用喷灌。

在低温季节里育苗,可以用 25～30℃温水浇苗。

如果浇水次数过多,那么植物容易徒长,减少基质透气性,对根系造成损伤,从而容易感染病菌。

4. 施肥

(1)育苗肥的选择 一般来说,好的商品育苗基质能够提供子叶完全展开之前所需的所有养分。由于穴盘容器小,淋洗快,基质的 pH 变化快,盐分容易累积而损伤幼苗的根系。所以我们要选择品质优良而且稳定的水溶性肥料作为子叶完全展开后的养分补充。

(2)施肥方法 在育苗中后期,用尿素和磷酸二氢钾 1∶1 比例配制成 3 000 倍液体浇灌;叶面喷施,可以用磷酸二氢钾 0.2%或者 0.5%尿素叶面正面和背面都喷到。

5. 株形控制

对于商品苗生产者来说,整齐矮壮的穴盘苗是共同追求的目标。最多的做法是先在育苗中期人工移苗一次,解决整齐一致的问题。而矮壮苗的实现,很多育苗者在生产实践中会选择用化学生长调节剂的办法来调控植株的高度。

控制株高的方法:①昼夜温差。夜间温度高于白天温度3～6℃,时间 3 小时以上,对控制株高有一定效果。②降低环境的温度,低温炼苗,不仅控制植株高度,而且增加植物抗性。③还有一些机械的方法如拨动法,可以抑制植物的长高。有人做过实验对番茄苗期进行人为机械拨动,相比对照番茄,植物生长高度低。④使用矮壮素处理,能使植株变矮,秆茎变粗,叶色变绿,可使作物耐旱耐涝,防止作物徒长倒伏,抗盐碱。在辣椒和马铃薯开始有徒长趋势时,在现蕾至开花期,马铃薯用 1 600～2 500 毫克/升的矮壮素喷洒叶面,可控制地面生长并促进增产,辣椒用 20～25 毫克/升的矮壮素喷洒茎叶,可控制徒长和提高坐果率。用浓度为 4 000～5 000 毫克/升矮壮素药液在甘蓝(莲花白)和芹菜的生长点喷洒,可有效控制抽薹和开花。番茄苗期用 50 毫克/升的矮壮素水剂进行土表淋洒,可使番茄株形紧凑并且提早开花。如果番茄定植移栽后发现有徒长现象时,可用 500 毫克/升的矮壮素稀释液按每株 100～150 毫升浇施,5～7 天便会显示出药效,20～30 天后药效消失,恢复正常。

6. 气体条件

在保护地育苗时,由于通风差,二氧化碳往往不能满足蔬菜苗期生长的需要,尤其是外界气温低不能放风时,常常出现二氧化碳不足。二氧化碳是绿色植物光合作用的原料,其浓度的高低直接影响光合速率。

苗期施二氧化碳肥利于缩短苗龄,培育壮苗,提早花芽分化,提高早期产量,苗期施肥应及早进行。在一天中,二氧化碳施肥时间应根据设施环境内二氧化碳变化规律和植物的光合特点安排。

施肥方法主要有液态二氧化碳法,液态二氧化碳来源主要有酿造工业、化工工业副产品,空气分离,地下贮藏等。液态二氧化碳气源较纯净,不含有害物质,施用方便,使用安全可靠,但成本较高。也可以通过二氧化碳发生器燃烧液化石油气、丙烷气、天然气、白煤油等产生二氧化碳。此方法应用方便,易于控制,当前欧美国家的设施栽培常采用这种方法。

近几年来我国相继开发了多种成套二氧化碳施肥装置,主要结构包括贮酸罐、反应桶、二氧化碳净化吸收桶和导气管,通过硫酸供给量控制二氧化碳生成量,方法简便,操作安全,应用效果较好。每亩标准温室(容积约 1 300 米^3)使用 2.5 千克碳酸氢铵可使二氧化碳浓度达到 900 毫克/升左右。

7. 移栽前的锻炼

早春育苗,秧苗移栽前的锻炼,可增加秧苗对露地栽培环境的适应能力。锻炼方法是在定植前 7～10 天逐渐降低苗床温度,加大通风量,适当控制水分,以增加秧苗干物质含量,提高植株的抗逆能力。逐渐撤除床面覆盖物,直到定植前 3～4 天全部撤除覆盖物,使育苗场所的温度接近栽培场所的温度。

秧苗定植前 1～2 天浇透水,以利于起苗带土。同时为减少病害发生,可结合根外追肥,喷一次农药。起苗时注意根、茎部分有无病状,发现有病害侵染的,应坚决予以淘汰。

【注意事项】

①放风时不能太激烈,以免闪苗。

②绝对不允许穴盘苗完全干燥;反之,基质中水分过于饱和也不行,会造成根系缺氧。

③育苗时注意保水,可以在出苗前在苗床上覆盖地膜或

者玻璃。

　　④选择肥料要重点考虑两个因素：一是肥料自身氮肥的组成，氮素有 3 种类型，对植物生长有不同的影响；二是地域环境状况和气候的不同，选择不同的肥料配方。

【问题处理】

　　①在炼苗时，放风量要大，控制植物在低温条件下的适应性。

　　②在天气热的时候，用水流一半的技术，可以有效控制苗的徒长。

第四节　电热温床铺设技术

【工作内容】

　　1. 电热线

　　将电能转变成热能进行土壤加温的设备。电热线外有绝缘层，其电阻、功率、长度都是一定的，不能随意截短或接长。不能空中通电，不能整盘通电。每根的两端都配有一段普通导线，用于连接到电源（图 1-4）。

　　2. 苗床

　　首先做苗床，下挖 15 厘米，底部整平，铺隔热层，可以使用 5 厘米聚苯板。然后铺少量细土，均匀耧平（图 1-5）。

　　3. 布线计算

　　选定功率密度。根据当地应用季节的基础地温，栽培作物的种类对温度的要求，以及设施类型的保温能力而定。

图 1-4　电热线布线

图 1-5　苗床

总功率＝功率密度×苗床面积

电热线根数（取整数，并联）＝总功率/电热线额定功率

布线行数（取偶数）＝（电热线长度－床宽）/床长

布线间距＝床宽/（行数＋1）

按照计算好的间距在床的两端距床边 10 厘米处插上挂线柱（中间的可稍稀些，两侧的可比平均间距密些）。布线时

2 人在两端拉线，使其贴紧地面，1 人在中间往返放线，逐渐拉紧以免松动交叉。电热线两端的普通导线从床内伸出来连接电源和控温仪。检查电路是否通畅。

4. 埋线

先均匀撒一薄层土（厚 2 厘米左右）将线埋没，撒土时勿让线移位。电热线不可相互交叉、重叠、打结。做苗床时，再铺 8 厘米厚的床土，并将控温仪上的感温头插在两行电热线中间，深 5～10 厘米。如用容器育苗，直接放上即可。

5. 接控温仪

先切断电源，然后再接控温仪。对每个接线头都进行绝缘处理，再进行安全检查。温度控制器为上海产品型号KWD，该控制器与天津第二开关厂生产的 CT10～10、CT10～40 交流接触器配套使用。此外，线距之间为保证安全和连接方便，应连接保险丝和空气开关（图 1-6）。

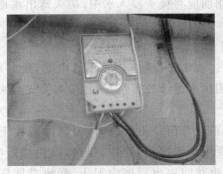

图 1-6　控温仪

【注意事项】

①电热线使用时要拉紧放直,电热线不得弯曲、交叉、重叠和打结,接头要用胶布包好,防止漏电伤人。如果发现电热线绝缘层破损,用电熔胶修补。

②在苗床进行各项作业时,一定要切断电源之后进行,确保人身安全。注意劳动工具不要损伤电热线。

③电热线外有绝缘层,其电阻、功率、长度都是一定的,不能随意截短或接长。不能空中通电,不能整盘通电。每根的两端都配有一段普通导线,用于连接到电源。

④电热加温线也不要随便接长或剪短,用完后要及时从土中挖出,并清除泥土,干燥后进行妥善保管。

⑤加温线断后可用锡焊接,接头处应套入 3 毫米孔径的聚氯乙烯套管。发现绝缘层破坏,应及时用热熔胶修补。修复线、母线用前应将接头浸入水中,接头露出水面,用绝缘表检查绝缘后才能用。

【问题处理】

①使用过程中,发现电热线不通电时,最好用断线检测仪检测,再用防水绝缘胶布包好,并用木棒支起来,以免漏电发生危险。

②在挖苗或育苗结束收线时,要清除盖在上面的土,轻轻提出,不要用铁锹深挖、硬拔、强拉,以免切断电热线或破坏绝缘层。电热线取出后擦净泥土,卷成盘捆好,放在阴凉处保存。控温仪及继电器应存于通风干燥处。

复习思考题

1. 育苗设施有哪些？
2. 育苗设备有哪些？
3. 育苗环境温度调控有哪些方法？
4. 铺设电热温床的注意事项有哪些？
5. 育苗时怎样控制株高？
6. 温室育苗怎样浇水？
7. 温室育苗施肥时的注意问题有哪些？

第二章 穴盘育苗技术

知识目标 了解穴盘育苗的特点和育苗设施。

熟知育苗主要设备的作用和使用方法。

掌握穴盘育苗的主要技术要点。

能力目标 掌握工厂化穴盘育苗技术要点。

能够识别本地育苗常用基质,能够按比例配制。

能够按要求熟练装盘。

工作流程 材料的准备(种子处理、基质处理、育苗盘准备)→精量播种(装盘→压孔→播种子→覆土→覆蛭石→喷灌浇水)→催芽→苗期管理→炼苗→出室。

第一节 穴盘育苗的设施设备及工艺流程

【工作内容】

1.温室

种苗生产对光、温、水等环节要求较高,所以选择的温室要具备以下条件。

①保温性能好,并具备控温设施。如降温用水帘、遮阳

网,北方冬季温室加温用的暖气设备等。温度范围应在20～27℃,有利于快速生长。相对湿度75%～85%为宜,高湿有利于发芽;中低湿度有利于生长,幼苗健壮;过湿会使苗变弱变小,引起徒长和病害。

②透光性能好。温室的透光性能好主要有两个因素:一是温室角度,二是覆盖材料,现多选用透光性和无滴性能好的薄膜或 PC 板材。光照为自然光照的 50%～70%,25 000～35 000 勒克斯,强光会伤害植株,弱光会使植株弱小多病。温室应可以调光。

③通风性能好。

④育苗温室还应具备定植前低温炼苗和大小苗分级管理的性能。要有育苗床架,采用滚动式育苗床架,一般架高60 厘米左右。

2. 精量播种系统

精量播种系统是穴盘苗生产必备的机器设备,它是由基质混配机、送料及基质装盘(钵)机、压穴及精量播种机、覆盖机和自动喷淋机等五大部分组成。这五大部分连在一起是自动生产线,拆开后每一部分又可独立作业。精量播种机一般有机械传动式和真空吸附式两种。播种系统的选择要根据实际情况而定,对于年生产商品苗 300 万株以上的育苗基地,应考虑使用自动化程度较高的精量播种机,100 万～300 万株的小型育苗基地可选择购置 2～3 台手动精量播种机,100 万株以下的育苗基地则可选择购置 1 台手动播种机。

3.催芽室

催芽室是一种能自动控制温度和湿度,促进种子萌发出芽的设施,最好用保温彩钢板做墙体及房顶,既便于保温,也有利于清洁、消毒,催芽室内应配套自动喷雾增湿装置,照明设备、空调。移动式发芽架以及相应的自动控制装置,灭菌装置等。

4.育苗绿化室

用于幼苗培育的温室。绿化室要求具有良好的透光性和保温性,能够使幼苗出土后按预定要求的指标管理。现代工厂化育苗温室一般装备有育苗床架、加温、降温、排湿、补光、遮阳、营养液配制、输送、行走式营养液喷淋器等系统和设备。

5.其他设备

主要有种子处理设备、基质消毒设备、灌溉和施肥设备、种苗储运设备、打孔器、覆料机、喷雾系统、移苗机、移植操作台、传送带等,可视需要加以配备。

6.穴盘与基质

育苗穴盘(图 2-1)是穴盘育苗的必备容器,穴盘选择要综合考虑经济、作物种类、苗龄长短、回收利用等因素。育苗穴盘与机械化播种的机械相配合,因此其规格一般是按自动精播生产线的规格要求制作,标准穴盘的尺寸为 540 毫米×280 毫米,因穴孔直径大小不同,孔穴数在 18～800。栽培中、小型种苗,以 30～288 孔穴盘为宜。穴孔形状主要有方形和圆形,在生产上方形穴孔应用得比较多。蔬菜育苗中瓜类蔬菜多采用 30 孔、50 孔、72 孔、128 孔；茄科蔬菜多采用 128 孔和 200 孔；叶菜类蔬菜多采用 200 孔和 288 孔。穴盘育苗采用的基质主要是泥炭土、蛭石、珍珠岩等轻基质。这些基质密度小，具有良好的透气性和保水性，酸碱度适中，含有适当的养分、能够满足子叶展开前的养分需要，基质颗粒的大小均匀一致，无植物病虫害和杂草，病毒污染少等。

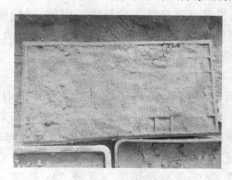

图 2-1 育苗穴盘

【注意事项】

①使用各设备时要注意安全。

②基质使用前要消毒。

③使用过的穴盘下次最好不用，如用必须消毒。

【问题处理】

①为实际生产提供优质的环境。

②提高种苗商品性和育苗质量。

第二节　穴盘育苗技术

【工作内容】

1.种子处理

要想获得优质的穴盘苗,就必须有高质量的种子,种子必须具备高发芽率和高活力的特性。因此,播种前应对种子进行适当的处理,如种子消毒、精选、发芽测试、活力检测、打破休眠、催芽等,以提高育苗效率及幼苗质量。

2.穴盘选择

选择黑色、方口、倒梯形的穴盘,常见的有 32 孔、40孔、50 孔、72 孔、105 孔、128 孔、162 孔、200 孔、288 孔等。根据所选择的品种和苗龄长短不同选择不同的孔数;茄果类一般选用 128 孔或 200 孔,瓜类选用 50 孔或 72 孔,椒类选用 128 孔,绿叶菜类选用 128 孔或 288 孔等。实际生产上还要综合考虑经济、作物种类、苗龄长短、回收利用等因素选择穴盘。

3.基质的选择和装盘

育苗的好与坏,基质是非常关键的。

(1)选择基质的要求　保肥能力强,能供给根系发育所需要的养分,避免养分流失;保水能力强,避免基质水分快速蒸发;透气性好,避免根系缺氧;不易分解,有利于根系穿透,能支撑植物。能给苗充足的水分和养分,酸碱度适中,pH 在 5.5～6.5。无病原菌,每一批基质的质量必须保持一致。

（2）装盘　首先要把基质湿润，先喷水，有一定的含水量，要求达到 60%，用手一握能成团，但水不能从指缝滴出来，手张开时还是团，手放下团就能散开即可。装盘时要均匀一致轻轻填充，然后刮去多余的基质，尽量让填充的基质一样多，播完种以后能均匀出苗，好管理。

4.打孔及播种

（1）打孔　不同品种选择不同的打孔深度，茄果类一般打孔 1 厘米，叶菜类 0.5 厘米，瓜类 1.5 厘米，但并不是绝对的，生产上还要根据种粒的大小来确定打孔的深度。

（2）播种　播种之前为了预防土传病害的发生，可以进行药剂的预防，一般用百菌清 800 倍液进行喷雾。播种时直接用手将种子放在穴盘孔的中间，每孔播 1 粒，避免漏播。如经催芽处理的种子，播种时应注意不要折断露出的胚根，使胚根朝下，利于苗根系向下生长。

5.覆盖

播种后，为保证种子周围有一定的湿度和透气性，通常在种子上覆盖粗蛭石或珍珠岩等基质。覆盖基质要均匀一致，根据品种确定适宜覆盖厚度。

6.播后苗期的管理

（1）水分管理　对水分及氧气需求较高，利于发芽，相对湿度维持在 95%～100%，供水以喷雾形式为佳。盖料后要进行一次大浇水，以浇透基质为准，这样才能保证种子的发芽、保证以后形成良好的根系。

（2）防病　防立枯病、猝倒病等要用百菌清。

（3）盖膜　浇足水后在穴盘表面覆一层薄膜，保水保温，到种子开始发芽、拱土的时候揭膜，防烧芽烫芽。

（4）温度　出苗前温度应比出苗后温度高 2～3℃，要求控制棚温达到 28～30℃。

7. 出苗后的管理

（1）水分　穴盘育苗水分蒸发快，容易缺水，但水又不能很大，涝了易烂根和徒长，这时期水分供给稍减，相对湿度降到 80%。一般晴天要求喷两次水，上午、下午各一次，每次浇水达到穴孔的一半就可以，阴天喷一次水，上午喷了下午就不用喷了，注意不能缺水，缺水就容易打蔫，影响花芽分化，导致产量下降。

（2）养分　结合浇水，必要时注意加入肥料或使用营养液。

（3）温度　黄瓜白天 25～28℃，晚上 12～15℃。

（4）防病　多菌灵 500 倍液，10～15 天喷 1 次，连喷 2～3 次，阴天用烟雾机 250～300 克/亩，下午、傍晚熏。

8. 炼苗

在幼苗生长到符合商品苗标准时，由于外界环境条件与温室内部环境存在差异，需要进行秧苗锻炼。

（1）方法一　低温锻炼，将符合商品苗标准的幼苗，白天床温降低至 20℃左右，夜间温度降低至 10℃，耐寒作物夜间温度可降低至 1～2℃，白天逐渐加大通风量，使育苗场所的温度接近栽培场所的温度。

（2）方法二　适当控水,将符合商品苗标准的幼苗,在定植前10天左右减少苗床浇水次数,防止因湿度过高造成秧苗徒长,适当蹲苗,增强秧苗定植后的环境适应能力。

【注意事项】

①穴盘选择。应根据所选择的品种不同选择不同孔数的穴盘。

②基质的选择。要保水又要透气,能给苗充足的水分和养分,酸碱度适中,无病菌,基质材料必须一致。

③打孔。不同品种选择不同的打孔深度,生产上还要根据种粒的大小来确定打孔的深度。播种之前为了预防土传病害的发生,可以进行药剂的预防,一般用百菌清800倍液进行喷雾,然后把种子播在小孔里就可以了。

④为保持种子周围有一定的湿度和透气性,选择蛭石盖平就可以。

⑤播后苗期管理,高温、高湿、遮光。

⑥出苗后的管理,温度、湿度适当降低,光照充足。

【问题处理】

1.穴盘育苗的过程中幼苗出现徒长现象的原因及解决办法

原因:氮肥过多,光照不足,挤苗,水分过多、过湿。

解决办法:平衡施肥;选择合适的穴盘规格;温室薄膜选择透光性能好的或温室内有补光措施;结合温度、合理控制水分以控制徒长。

2.穴盘育苗的过程中幼苗出现僵苗或小老苗现象的原因及解决办法

原因:棚室内温度低;生长调节剂使用不当;缺肥、缺水。

解决办法:保持棚室内适宜的温度;合理使用生长调节剂;注意浇水、施肥。

3.穴盘育苗即工厂化育苗解决了传统育苗中存在的不足

①摆脱自然条件的束缚和地域性限制。

②实现蔬菜、花卉种苗的工厂化生产。

③采用自动化播种,集中育苗,节省人力、物力,提高效率,降低成本。

④根坨不易散适宜远距离运输。

⑤幼苗的抗逆性增强,定植时不伤根,没有缓苗期。

⑥可以机械化移栽、移栽效率提高4~5倍。

⑦发芽率/成苗率高(尤其是高价值的种子)。

⑧抢季节(尤其是喜温作物,如番茄、辣椒等)早栽植、早采收、采收期长。

⑨株形整齐、采收期一致。

⑩穴盘育苗技术消除了育苗取土对耕地资源的破坏,解决了传统育苗土壤消毒的难题。

第三节　　西兰花穴盘育苗技术

西兰花又叫绿菜花,属于喜欢冷凉的蔬菜,苗期适合的温度为白天 20~25℃,夜间 13~16℃,不同品种稍有差异。喜欢疏松、透气良好的基质,合适的 pH 为 6.5 左右。栽培时应选择植株生长势强,花蕾深绿色、花球弧圆形、侧芽少、蕾小、花球大、抗病耐热、耐寒、适应性广的品种。如:优秀、玉冠、东方绿宝、万绿、绿秀等或根据市场需求来选择各类优质品种。但必须符合国家二级种子标准方可使用。

【工作内容】

(一)播前准备工作

1.穴盘的选择

穴盘有 50 孔、72 孔、128 孔等多种型号,应根据所育秧苗的苗龄,选择不同孔径的穴盘,育 4～5 叶苗龄小苗的,可选择 128 孔穴盘,如育 7～8 叶大苗,宜选用 72 孔穴盘。

2.育苗场地及基质准备

一般在塑料大棚内育苗,床面平整,上铺一层厚塑料膜,防止根往土里扎,便于秧苗盘根。有条件的可放置一简易床架。棚架上用农膜和遮阳网覆盖,起防风、防雨、降温作用。

育苗基质可用菜园土、农家肥配煤渣、砻糠灰经发酵腐熟,提前堆制而成,条件好的也可选用草炭 0.67 米^3、蛭石 0.22 米^3、珍珠岩 0.13 米^3、超大肥 10 千克、矿元牌钾镁肥 5 千克、钙镁肥 3 千克进行混配。pH 应控制在 6～6.5。

3.做好消毒

(1)穴盘消毒　可采取石灰水消毒法,在土坑或水泥池灌石灰水对穴盘消毒 1 天即可;也可采取药剂消毒法,药剂选用 0.1%高锰酸钾溶液喷雾或浸泡消毒。

（2）种子消毒　可选用 50％扑海因 WP800 倍液浸种；也可选用 50％福美双 WP 按种子量的 0.3％进行拌种。

（3）基质消毒　可用 50％福美双 WP700 倍液或 75％百菌清 WP600 倍液对基质进行消毒。

（4）菜棚消毒　可用 50％福美双 700 倍液＋0.6％清原保 600 倍液在大棚内开展喷雾消毒。

（二）装盘、播种

选择适宜当地栽培的优良品种，每亩播种量应掌握在 16～18 克；播种深度为 0.5～0.7 厘米。种子播前用 55℃温汤浸种 15 分钟，搅拌，待水温降至室温再浸种 3～4 小时；漂去瘪籽儿，用清水冲洗干净后捞出，用湿布包好放在 20～25℃条件下催芽，待 80％种子露白后，将种子置于 5～6℃的环境下低温处理 3～4 小时待播。

每穴播种 1 粒，另多播 1～2 盘备用苗，作为补缺用。播种后覆盖基质并用刮板刮平，厚度以覆平穴盘为宜，一般为 0.8～1.0 厘米。种子盖好后再用喷壶浇透水，然后用地膜覆盖苗盘（温度高时用遮阳网等遮盖），利于提温保湿，出苗整齐。

（三）播后管理

1. 温度管理

春季日光温室育苗以保温为主，可以采取加扣小拱棚或铺设地热线来提高温度；夏季育苗以降温为主，可以采取加盖遮阳网或喷雾来降温。对气温的控制，发芽期为白天 25～30℃，夜间 15～20℃；子叶期为白天 18～20℃，夜间 10～

15℃;真叶期为 20～22℃。

2.光照管理

以中度光照为宜。

3.湿度管理

播种到出苗期,湿度保持在 90%;苗出齐后,湿度控制在 60%～75%。

一般播种后 3 天出苗,出苗后及时揭去地膜。高温天气及时揭盖遮阳网,注意棚内通风、透光、降温。基质缺水,易造成幼苗萎蔫,成为老化苗。所以穴面基质发白应补充水分,一般早晚浇水两次,避免中午高温时浇水伤苗,每次浇匀、浇透,利于秧苗根下扎,形成根坨。在两片子叶展开时及时移苗补缺。

4.肥水管理

一般出苗 1 周后子叶完全展开,结合灌水进行追肥。氮、磷、钾、微肥四大要素的标准为中、小、小、小;对水分的管理,其底水、发芽期、子叶期、真叶期、炼苗期分别掌握在多、中、少、中、少。

5.病虫害防治

重点防治猝倒病、立枯病、蚜虫、小菜蛾、黄曲条跳甲虫等。

苗期病害主要有猝倒病、立枯病等,湿度过大容易发病,可以每周用 72.2%普力克 800 倍液或 30%恶霉灵 1 000 倍液预防 1 次。

虫害主要有蚜虫、小菜蛾和黄曲条跳甲。

(1)小菜蛾　危害甘蓝和花椰菜较严重的一种害虫。成虫为灰褐色小蛾子,体长6～7毫米,幼虫头尾尖细,呈纺锤形,黄绿色,体长10毫米左右;初龄幼虫取食叶肉,留下表皮,3～4龄幼虫可将叶片食成孔洞和缺刻,严重时全叶被吃得只剩下叶脉,呈网状,影响结球。

(2)黄曲条跳甲　主要危害幼苗。虫态有成虫、卵、幼虫、蛹,成虫体长约2毫米,长椭圆形,黑色有光泽,鞘翅中央有一黄色纵条,两端大,中部狭而弯曲,老熟幼虫体长4毫米,长圆筒形,头部、前胸背板淡褐色,胸腹部黄白色。

跳甲成虫食叶,幼虫只害菜根,蛀食根皮,咬断须根,使叶片萎蔫枯死。在我国北方一年发生4～5代,越冬成虫当气温10℃以上时开始出蛰活动,在越冬蔬菜与春菜上取食,随着气温升高活动加强。产卵期可延续1～1.5个月,有世代重叠现象,卵孵化要求很高的湿度,不到100%的相对湿度许多卵不能孵化。春秋两季为害严重。

防治方法主要有物理防治和化学防治。

(1)物理防治　设施内运用黄板诱杀蚜虫。田间悬挂黄色黏虫板或黄色板条,其上涂上一层机油,30～40块/亩(1亩≈667米²)。中、小棚覆盖银灰色地膜驱避蚜虫。

(2)化学防治　蚜虫可用2.5%溴氰菊酯乳油2 000～3 000倍液或10%吡虫啉可湿性粉剂4 000倍液喷雾防治;跳甲和小菜蛾可用20%速灭杀丁乳油3 000～4 000倍液或

活孢子数为 100 亿个/克的 BT 乳剂 500～1 000 倍液等药剂进行防治。

6.定植前管理

定植前 7 天进行炼苗，降低苗床温度，保持在 20℃左右。幼苗三叶一心后，加大温室通风量，延长通风时间，进一步降低苗床温度；白天保持 12～15℃，夜间保持在 5～8℃，促使幼苗健壮，叶片肥厚，叶色浓绿，节间短，茎粗壮，以适应定植后的露地环境。

穴盘苗苗期较短，一般 128 孔穴盘苗苗龄 35 天左右，72 孔 50 天左右，成苗后要及时移栽，避免秧苗老化。

【注意事项】

不同的穴盘规格、基质和基肥对西兰花幼苗生长发育有较大的影响，实际大田生产中要培育壮苗，可以采用 72 孔穴盘，基质可选用轻基质（泥炭∶珍珠岩∶蛭石＝2∶1∶1），也可在轻基质中掺和一定比例的食用菌渣或园土，并拌入一定量的基肥（复合肥或缓释性肥料）。

【问题处理】

加强苗期管理：一是调控好温度，发芽期为 25～30℃，子叶期为 18～20℃，真叶期为 20～22℃；二是增加光照，以中度光照为适；三是注意及时施肥；四是控制好水分，对水分的管理，其底水要足，苗期水分要干干湿湿，干透浇水。发现过湿，应采用通风或撒干细土、草木灰等措施除湿。特别是早春育苗时，应该避免湿度偏大，以利于提高温度。

第四节　大叶芹穴盘育苗技术

　　大叶芹,中文学名山芹,又称为山芹菜;是伞形科的一种山野菜,属多年生宿根草本,多生长在寒带的阔叶林下或灌木丛中,分布在我国的东北部和俄罗斯远东地区。大叶芹风味独特,其嫩茎叶可食,翠绿多汁,清香爽口,营养丰富,是色、香、味俱佳的山野菜之一。经中国科学院应用生态研究所测定,每100克样品中含维生素 A、维生素 E、维生素 C、维生素 B$_2$、蛋白质、铁、钙多种氨基酸及维生素,全株及种子含挥发油。野生的大叶芹现为我国出口的绿色产品之一。

　　近年来,人们将野生大叶芹挖回、采种,进行人工栽培,栽培面积逐渐扩大。在保护地内,结合穴盘基质育苗技术栽培大叶芹,解决了芹菜定植前根系紧紧缠绕基质,定植后伤根、断根、剪根的难题,缩短了定植以后的缓苗时间;加快了根系的恢复,延长了生长时间;克服了大水大肥刺激引起分蘖侧芽的环境因素,保证了产品质量,提高了商品价值。

【工作内容】

　　1.采种

　　大叶芹野生产种率低,人工栽培首先要建立采种园。春季将野生大叶芹挖回,或从外地购进种苗,按40厘米×60厘米的株行距种在采种园区,再浇一次透水,以后视土壤墒情适当浇水,植株开始抽薹后,每隔25～30天喷一次0.3%磷酸二氢钾溶液,以提高种子的质量,生长中后期要及时给植株培土、防倒伏。

9—10 月份种子陆续成熟,本着成一季采一季,成一株采一株的原则,以避免一次性采收出现的种子成熟度不一致、发芽率低的问题。种子采下后,平摊在苇席或木板上,放在室内通风处,经常进行翻动,待种子干后除去杂质,种子装入透气性好的布袋内保存。

大叶芹种子调制后于冷凉通风处可干藏 2～3 年。种子几乎无休眠期,采后即可播种。

2. 育苗前的准备

按照每 667 米^2 准备长宽 50 厘米×28 厘米,穴孔 128 的穴盘 120 个,发酵配制好的基质 100～110 千克。做长宽 58 米×1 米的苗畦 58 米^2,并准备好拱圆式竹皮、遮阳网等。

3. 基质配制

用炉渣 6 份、粉碎发酵好的腐熟秸秆 2 份、牛马粪和菇渣各 1 份,过筛后混合拌匀,用 50% 的多菌灵 300 克、辛硫磷 200 克,兑水 100 千克均匀喷拌基质,堆 1.50 米高,然后盖棚膜高温灭菌 4～5 天,用于装盘。

4. 种子处理

播种前应进行低温浸种催芽。播种前 6～7 天用冷水浸种 24 小时,中间多次搓洗并换水,出水后用纱布或麻袋包好,放在 15～18℃(如地下室或吊入水井中距水面 30 厘米处)催芽,每天用凉水淘洗一次,6～7 天种子露白时即可播种。试验表明,用 0.005% 赤霉素浸种 6～8 小时后再催芽,能显著提高发芽率。

5.播种

大叶芹适宜定植苗龄为 3 片真叶,育苗期 50～60 天,日光温室播种不受季节限制,一般在 10 月中下旬扣膜并进行播种。一般采取撒播方式播种。先将准备好的基质装入穴盘,摆放在育苗畦里,用喷雾设施将穴盘内的基质喷透。然后将催芽露白种子加细沙拌匀撒施穴盘 2～3 遍,再在种子表面覆盖 0.50 厘米厚的基质,反复喷水盖上地膜,将苗畦做成小拱棚覆盖遮阳网。

6.苗期管理

大叶芹播种后 10 天左右子叶出土,这时应选择阴天或在傍晚撤掉地膜,根据天气情况适当浇水,畦内湿度保持在 70% 以上,使基质表面保持湿润。白天温度控制在 20～23℃,不能超过 25℃,夜间 18℃。从子叶出土到第一片真叶展开需 15 天左右,此时开始间苗,间苗后浇水。芹菜出苗以后要适当控水,每天早、晚适量喷水 1～2 次,配合喷水每隔 15～20 天喷施 0.20% 尿素溶液,以利于幼苗生长。

从第 1 片真叶展开至第 3 片真叶展开需 30～35 天,此时苗高可达 8～10 厘米,进行移栽定植。

7.病虫害及其防治

(1)病害防治　主要病害为斑枯病,每年 6～7 月发生。

病症:主要危害叶片,也能危害叶柄和茎。一般老叶先发病,后向新叶发展。我国主要有大斑型和小斑型 2 种。东北地区以小斑型为主,初发病时,叶片产生淡褐色油渍状小斑点,大小 0.5～2 毫米,常多个病斑融合,边缘明显,中央呈黄白色或灰白色,病斑上散生黑色小粒点,病斑外常有一黄色晕圈。叶柄或茎受害时,产生长圆形暗褐色病斑,稍凹陷,中央密生小黑点。

本病由芹菜壳针孢菌侵染所致。播种带菌种子,出苗后即可染病,幼苗病部产生的分生孢子在育苗畦内传播蔓延。植株发病后,条件适宜潜伏期只需 3～5 天。冬春季生产棚室内昼夜温差大而夜间结露多、时间长的天气条件下发病重,田间管理粗放,缺肥、缺水和植株生长不良等情况下发病也重。

防治方法:可用 45% 百菌清烟剂,每亩(667 米^2)200 克分散 5～6 处点燃,熏蒸一夜;或者用 75% 百菌清可湿性粉剂 600 倍液,65% 代森锰锌可湿性粉剂 600～800 倍液叶面喷雾,7～10 天 1 次,全年 3～5 次。

(2)虫害防治　主要虫害是蚜虫,可用 50% 抗蚜威(辟蚜雾)可湿性粉剂或水分散粒剂 2 000～3 000 倍叶面喷雾进行防治。

【注意事项】

芹菜为耐寒性蔬菜,喜冷凉湿润,忌炎热。种子发芽最适温度 15～20℃,低于 15℃或高于 25℃发芽率降低或延迟发芽,超过 30℃几乎不出苗。

【问题处理】

间苗、补苗、蹲苗、炼苗。为防止幼苗拥挤徒长和根部染病,结合除草,及时间去簇生苗和过密苗,每穴留 2～3 株壮苗。幼苗长到 3 叶 1 心时带基质补苗 1 次,每穴留健壮苗 1 株。蹲苗时揭掉遮阳网,增加光照,控水炼苗。

第五节　刺龙芽穴盘育苗技术

　　刺龙芽学名辽东惚木,别名刺嫩芽、刺老芽、龙芽惚木,是五加科落叶小乔木耐寒的林业树种。其嫩芽是营养丰富、鲜嫩的山野菜,在国内外市场很受欢迎。

　　刺嫩芽的食用方法多样。可以生食、炒食、酱食、做汤、做馅,或加工成不同风味的小咸菜。它味美香甜、清嫩醇厚、野味浓郁,是著名的上等山野菜,被誉为"山野菜之王"。多年来,一直是出口的主要野菜品种之一,而且供不应求。

　　刺嫩芽原产于我国,主要分布在中国、日本、朝鲜和俄罗斯的西伯利亚等国家和地区。目前主要分布在我国的东北。其中辽宁的本溪、丹东、桓仁、宽甸、抚顺、新宾、清原和吉林的柳河、通化、集安、长白、桦甸、梅河以及黑龙江的尚志、五常、海林、伊春、密山等地区分布较多,资源丰富。

　　近年来,由于天然林的面积逐年减少,荒山坡地的植树造林,而且品种单一,致使刺嫩芽的生存面积也在逐年减少。再加之部分地区破坏性、掠夺性的连年多茬采收,甚至割茎移栽,使刺嫩芽资源急剧减少,在某些地区已面临灭绝的危险。不少地区开始人工栽培,获得很高的经济效益。

【工作内容】

　　1. 种子处理

　　(1)沙藏　于前一年的 11 月中下旬将干燥的种子用清水浸泡 1～2 天,搓去果皮,漂洗将瘪粒漂出,捞出种子,然后将种子晾至不粘手后用河沙拌种,种子与河沙的比例为 1∶3,拌种后使河沙的含水量为 50%～60%,搅拌均匀后放在 10℃左右室内后熟 15 天左右。之后将其放在自然温度的库房内或木箱内贮藏,这期间的温度范围为－8～19℃。每隔半个月检查并翻动 1 次,到 1 月上中旬把种子移到－3～0℃的恒温冷藏,3 月初至 5 月中旬即可进行播种。

(2)催芽 在播种前 20 天,将种子从冷藏室取出,放在 5～10℃的房间内进行缓慢解冻,约 2 天后进入高温催芽室,温度保持在 18～28℃,每天翻动种子 3 次,以保证温度均匀,增强透气性。种子湿度保持在 60%左右。

(3)漂洗种子 根据比重法,用水把种子和河沙分离出来,淘洗干净,然后晾干,待种子不粘手后即可用于播种。

2.基质配制

有草炭土、蛭石、复合肥等,经筛选后按草炭土与蛭石的比例为 3∶1,复合肥按 1 米³ 基质加 1 千克氮、磷、钾养分含量为 15∶15∶15 配制。并充分搅拌均匀,堆放好备用。

3.播种方法

穴盘装土、压孔、机器播种子、覆土、覆蛭石、喷灌浇水。

4.苗期管理

(1)水分 根据幼苗生长发育特点将水分管理分三个阶段:一是播种后至出苗前,3 周左右,这个阶段主要是保持基质较高的水分,含水量 60%～80%,以防止基质表层干燥;二是从子叶伸展到第二片真叶未出现之前,这个阶段幼苗根系生长较快,而且易发生病害,在管理上要 1 次浇透水,尽量延长浇水间隔时间,以减少基质表面的湿度及室内空气湿度,加大通风量,防止苗期猝倒病等病害的发生;三是第 2 片真叶出现以后,随着生长量的加大和室外温度的升温,要增加浇水量和浇水次数。

(2)温度　一是播种后出苗前,此时室外温度较低,应以保温为主,夜间气温保持在 10℃以上,白天为 25℃左右;二是苗出齐后至生长的中后期,夜间温度应控制在 15℃左右,昼温仍在 25℃左右,此时白天要注意通风。

(3)养分　在温室育苗期施用无土栽培专用肥 2 次,分别在幼苗长到 1 叶 1 心期和 3 叶期进行喷施。

【注意事项】

①种子必须经过处理。

②打孔及播种深度要适宜。

③苗期注意水分和温度的管理。

【问题处理】

经过处理的种子,出苗率提高。

第六节　结球生菜穴盘育苗技术

结球生菜是叶用莴苣(生菜)中的品种,为菊科莴苣属一年生草本植物。

【工作内容】

1.品种选择

冬季保护地栽培和春季露地结球生菜选用美国结球生

菜或前卫 75;夏季栽培选用奥林匹亚;秋季栽培选用美国结球生菜。

　　结球生菜耐寒性稍差些,在北方采用育苗移栽,利用各种类型保护设施可以做到周年播种,苗龄因季节不同而有差异。露地春茬育苗期 40～60 天,定植适宜苗龄有 6～8 片叶较为合适;秋季栽培育苗天数 30 天左右,定植时 4～6 片叶为宜,播种期按用户需要而定。

　　2. 配制基质土

　　育苗基质按照草炭∶蛭石∶珍珠岩＝3∶1∶1 的比例均匀配制而成,或者以草炭、蛭石、废菇料为育苗基质,比例为 1∶1∶1。配好的基质土还需添加一定量充分腐熟的有机肥和适量的复合肥,每立方米基质中加入比例为 15∶15∶15 的氮、磷、钾三元复合肥 1.2 千克,或加入 0.5 千克尿素、0.7 千克磷酸二氢钾,肥料与基质混拌均匀后备用。混合基质过程中用普力克粉剂 400 倍液均匀喷雾进行充分消毒,基质保持见干见湿为宜,拌好后堆积覆盖,捂闷 3～5 小时以待播种使用。

　　3. 选择穴盘

　　生菜苗较小,一般选用 200 孔或 288 孔穴盘,育 4～5 叶大苗也可选用 128 孔苗盘。根据计划种植面积、出苗率安排播种盘数,结球生菜一般芽率 95％以上,一般每亩定植 27 盘。旧穴盘使用前,用普力克 800 倍液喷雾或浸泡消毒;生产过程中,穴盘注意保养避免长时间暴晒,及时回收入库。

4. 装盘

将配制好的基质土装入穴盘中,装盘时注意不太紧也不太松,轻轻压实,手压有弹性即可。

5. 播种

穴盘育苗采用精量播种,每平方米苗床可播种子 1.5～2.0 克。由于高温季节种子易出现热休眠,播前将种子放在冰箱里,0～5℃条件下存放 7～10 天。装好的穴盘播种前浇透水,以穴盘下方滴孔滴出水为准。按压每个穴盘孔穴,压出 0.5～1 厘米的小坑,并在小坑内进行单粒点播,将播好种子的穴盘轻轻覆上蛭石并刮平,注意边角。经平板车运至苗床,摆好,第一次浇水要浇透水,之后适当补水。气温较低的季节育苗时,浇透水后应覆盖一层白色薄膜以提高墒情,利于均匀出苗,上面再铺一层草帘,插温度计密切跟踪棚内及穴盘温度。

6. 苗期管理

生菜喜湿,如遇夏季温度高蒸发量大,注意勤浇水,但也要注意防止烂心。一般在上午苗棚外温度回升后浇水,原则上是 1 天浇 1 次,浇水不宜过量,也不要过少,过量易造成徒长苗,过少则蒸发量大的时候还得二次浇水。苗期子叶展开至 2 叶 1 心,水分含量为最大持水量的 75%～80%;2 叶 1 心后,结合喷水进行 1～2 次叶面施肥,可选用 0.2%～0.3% 的尿素和磷酸二氢钾液喷洒。3 叶 1 心至商品苗销售,水分含量为 70%～75%。

生菜喜凉爽、湿润气候条件,最适发芽温度为 15~20℃,3~4 天出齐苗,幼苗生长适宜温度为白天 15~18℃,夜间 10℃左右,不低于 5℃,超过 25℃发芽缓慢,并出现热休眠。早春育苗时由于气温忽冷忽热,一天之内温度变化频繁,需防止低温冷害和高温灼伤。如果苗床加盖有覆盖物,温度低时,出苗率达到 75%左右,可以揭开覆盖物;一般下午掀去覆盖物,经一夜时间,第二天早晨苗基本出齐。7—8 月份播种严格控制小气候,最好备用遮阳设备,防止种子休眠。中午注意预防苗棚内高温,一般温度不宜超过 28℃,及时放风,风口根据实际情况而定;下午外界温度降低时,傍晚前将苗棚密封好,做好保温工作。

两子叶完全展开到真叶 1 叶 1 心前,用普力克 750 倍液、灭蝇胺 4 000 倍液等药剂进行病虫害防治,同时用复合肥 200 倍液进行第 1 次追肥;以后 5~7 天打一遍药,7 天左右追 1 次肥。如早晨发现子叶下垂,说明苗棚内夜温较低,应适当保温;早晨子叶上仰说明棚内夜温较高,应适当降温,避免徒长苗。生菜苗有 2 片真叶时,及时进行挪盘,以利于生菜苗将根盘在穴盘内。

由于种子质量和育苗温室环境条件影响,生菜精量播种出苗率有时只有 70%~80%,在第 2 片真叶展开时,抓紧将缺苗孔补齐。

7. 成苗期管理

任务是保证秧苗稳健生长,防止幼苗徒长,促进根系发育。一是尽量使夜温降低至 8～10℃，并逐步放夜风，这时浇水要一次浇透，不宜小水勤浇；定植前 5～7 天开始炼苗，集中摆放在露天环境，进行自然条件下的锻炼。

8. 商品苗标准

生菜穴盘育苗商品苗标准视穴盘孔穴大小而异，选用 128 孔苗盘育苗，叶片数为 4～5 片，最大叶长 10～12 厘米，苗龄 30～35 天；选用 288 孔苗盘育苗，叶片数 3～4 片，最大叶长为 10 厘米左右，苗龄 20～25 天。生菜育苗推荐选用 288 孔苗盘，好处是拔苗时不易伤苗。

商品苗达到上述标准时，就能移栽了。冬天和早春，穴盘苗远距离运输要防止幼苗受寒，要有保温措施；夏天要注意降温保湿，防止萎蔫。

【注意事项】

早春育苗，种子已经露白即将破土的时候遇到温度变化频繁时，应格外注意观察出苗情况。

生菜育苗，出芽到子叶展开浇水湿度可稍大，之后要注意控水，逐渐减少基质含水量，利于发根。打水的水温不宜跟气温相差太大。

基质中的肥料也可选用钙、镁、磷肥或自行配制，钾和氮的比例可为 1.2：1，钾含量高可以增强苗子抗病能力，但需注意营养均衡。夏季育苗时每立方米基质中加入 15：15：15 的氮、磷、钾三元复合肥 0.7 千克。草炭、蛭石、珍珠岩应盖好，避免雨水。

【问题处理】

①用 128 孔穴盘时选用浅孔穴盘,深孔 128 孔育生菜苗没有优势,有费料、费工、升温慢、容易沤根等问题。

②播种。普通生菜种子千粒重 8～12 克,穴盘育苗人工播种速度慢,机器点种双棵或者三棵的情况比较多,间苗麻烦。如果将种子丸粒化处理,点种能容易些。

③如果采用自动喷水设施,覆盖面要全,不能出现干湿不均匀现象。

复习思考题

一、填空题

1.穴盘育苗温室应具备(　　　)、(　　　)、(　　　)的特性。

2.穴盘育苗基质土壤酸碱度适宜范围应在(　　　)。

3.穴盘育苗不同品种选择不同的打孔深度,一般打孔深度茄果类为(　　　),叶菜类为(　　　),瓜类为(　　　)。

4.育苗基质消毒最常用的方法有(　　　)、(　　　)、(　　　)等。

5.工厂化育苗的精量播种设备整个流水线包括基质(土壤)搅拌、(　　　)、(　　　)、(　　　)、(　　　)等六道工序一次完成。

二、简答题

1.如何选择适合西兰花育苗的穴盘?怎样配制西兰花的育苗基质?

2.西兰花穴盘育苗苗期应怎样管理？

3.简述大叶芹的采种过程。

4.进行大叶芹穴盘育苗时，如何配制基质？

5.在育苗中采用穴盘育苗的优点有哪些？

6.穴盘育苗对基质的要求有哪些？

第三章 嫁接育苗技术

知识目标 了解嫁接技术在蔬菜、花卉上的应用及嫁接的优点。

了解嫁接苗成活率的影响因素。

掌握主要瓜类、蔬菜及花卉的主要嫁接方法。

能力目标 掌握黄瓜、茄子的嫁接技术。

培养学生探究、协作学习的能力。

工作流程 嫁接前的准备工作(设施、设备、砧木、接穗、基质)→嫁接操作技术→成活前的管理→成活后的管理。

第一节 嫁接育苗的设施设备

【工作内容】

1. 嫁接育苗设施、设备

(1)温室 采光条件较好的日光温室,温室内无病虫害,有较好的通风措施,上、下风口的设置要合理,拉大两者的距离有利于通风,后墙具有较好的增温、蓄温能力。在我国北方地区,建议采用跨度 8~10 米,长度 60~100 米的节能加温日光温室进行种苗生产。

　　(2)育苗床架　采用可移动式育苗床架,可移动设计使整个育苗床面只留一个过道,且可随意装撤,以充分利用育苗的空闲时间栽培蔬菜。床架高度为 0.8～1 米,育苗架采用专用喷塑筛网,能达到平整、通风、见光,架长 6.0～6.5 米(温室跨度 7.5～8.0 米),架宽视育苗盘大小而定,一般以能放三排育苗盘(韩国标准盘)为好,宽度为 1.60～1.7 米。

　　(3)喷淋系统　日光温室专用喷淋系统采用电动单轨道,单轨双臂运行,微机编程控制,变频调速无触点往复运行。微机变频程序控制器,可一次输入 33 个程序,有自动记忆报警、启动时间、重复运行时间、停止时间设定,不同作物所需水量和肥料设定及选择性使用喷嘴等功能。速度范围控制在 0.5～20 米/秒,最大作业长度 130 米,最大作业跨度12 米,喷嘴间距 350 毫米,三喷嘴独立控制,可均匀喷水、喷雾、喷药等。能够自动控制供水量和喷淋时间,同时能兼顾营养液和农药的喷施。

　　(4)自动放风系统　日光温室自动感应风口调节机,采用电动放风机和温度感应控制系统综合组装而成,可以实现高限(50℃)和低限温度(10℃)随意设定,高于高限自动开启放风机放风,低于低限自动开启放风机逆向合风,开放风行程可从 10～150 厘米范围内可调。是一种无人管理的智能化高级放风系统,避免了人工放风的延误,精准化的温度设定更有利于秧苗的科学管理。

　　(5)加温系统　温室的加温方式现一般采用水暖加温、燃油热风机两种。在北方,因其加温时间长,一般配置水暖加温,相对南方一般配置燃油热风机加温。在最寒冷的地方,可考虑两种加温形式互补并用。水暖加温方式有圆翼型和光管型,光管型适合于穴盘育苗、苗床和栽培槽种植。燃油热风机有进口、国产多种品牌,功率可供需要选择。其中,燃煤热水锅炉是经常用的一类加温设施,它的选择与提供整个加温设施所需热量的总和有关,一般还留有20%～30%的备用空间,以备极端恶劣气候条件及温室保温效果不好的情况下使用。

(6)育苗盘　采用国产型或进口型50孔穴盘(多数规格为54厘米×27厘米)。

(7)播种器械　大、中型育苗场可以选用自动育苗播种生产线,小型育苗场采用手动育苗播种机或人工播种即可。

(8)催芽室　可以按照育苗的规模来确定催芽室的建设规模,年产量1 000万株以上的大型育苗场应设有100米^{2}以上面积的独立的催苗室,室内设有自动加温控温及湿度调节装置及育苗架或育苗车。年产400万～1 000万株及400万株以下的中、小型育苗场,也应设置设备比较完善的、能够控制温度的独立催苗室,最低也应在温室内设置组装式双层薄膜催苗室(15米^{2}左右)及育苗架。

2.嫁接材料

(1)材料品种　接穗采用适合当地气候生产特点的抗病性较强、丰产、质优的品种。砧木多用与接穗亲和力强的专用砧木品种。由国家或地方品种审定委员会审定过的品种,如果是国外进口或外地调运的新品种,应有在本地区试种过 1～2 年的试验证明,或者具有良好直接生产试验效果的品种。

(2)嫁接工具　嫁接操作台、座凳、湿毛巾、嫁接针、竹签、刀片、嫁接夹、医用酒精棉球、喷雾器、盆、水桶、喷壶等。嫁接夹用来固定接穗和砧木,分为 2 种:一种是茄子嫁接夹,另一种是瓜类嫁接夹。如是旧嫁接夹使用前要用 200 倍醛溶液泡 8 小时消毒。刀片、竹签用 75％的酒精(医用酒精)涂抹灭菌,间隔 1～2 小时消毒 1 次,以防杂菌感染伤口。但用酒精棉球擦过的刀片、竹签一定要等到干后才可用,否则将严重影响成活率。

【注意事项】

①使用设备时注意安全。

②嫁接工具要消毒使用。

【问题处理】

提供嫁接育苗适宜的场所。

第二节　嫁接育苗技术

【工作内容】

(1)品种选择

①砧木的选择。嫁接亲和力强,共生亲和力强,对主防病害高抗或免疫,嫁接后抗逆性强,对品质无不良影响或不良影响小。

②接穗品种的选择。嫁接亲和力上与砧木间表现差异不大,接穗宜选用适合市场销售的当地主栽优良品种。

(2)播种　因不同砧木发芽及生长速度不同,一般砧木应比接穗早播 5～20 天,砧木采用常规育苗方法播种即可。

(3)嫁接前管理　接穗及砧木在出齐苗前均采用高温催苗措施,白天保持 28～32℃,夜间 18～23℃,不同品种温度略有差别。出齐苗后应适当降温 3～5℃。浇水应根据不同基质保持见干见湿。当幼苗长 3～4 片真叶时,应及时进行分苗。

(4)嫁接方法　常用的有劈接法、插接法、靠接法等。嫁接时应有操作台、刀片、嫁接夹等。

(5)嫁接后管理

①温度。嫁接后要保持较高的温度一般在 25～28℃,利于发根,接口容易愈合。采用小拱棚覆盖达到保温保湿的效果。

②湿度与通风。保持苗床内较高的土壤与空气湿度,但要注意湿度过大,容易诱发沤根。解决方法是要适时通风,在气温较高时揭开拱棚两端或部分通风。

③光照与遮阳。嫁接后 1～2 天完全遮光 25～28℃,湿度达 90%。嫁接后 3～5 天散射光 25～28℃,少量通风,一般经 3～5 天保温、保湿、遮阳,接口就可愈合,接口愈合后,逐渐增加通风和见光量,锻炼接穗的适应能力。

④解线或去夹。接口愈合后一般 5～6 天后解线为宜。解线或去夹均要小心进行,防止损坏幼苗。

⑤抹异芽。砧木的顶芽虽已切除,但期叶部的腋芽经一段时间仍能萌发,应及时抹掉,避免与接穗争夺养分和水分。

⑥肥水管理。当接穗破心时,要加强肥水管理,浇灌营养液 3～4 次。

【注意事项】

①要做好嫁接前的各项准备工作,如嫁接刀刀口要锋利。

②准备好嫁接用的接穗。

③嫁接不要在雨天进行。

④嫁接时按要领小心操作,用力均匀,以免伤了手指。

⑤接穗要用湿布包裹,以免失水影响嫁接成活。

⑥按接穗粗细剪好一定长度和宽度的塑料条。

【问题处理】

嫁接育苗解决了常规育苗中存在的不足

①提高抗病性,克服连作障碍,防止土传病害。如瓜类枯萎病、茄果类青枯病、茄子黄萎病等。提高秧苗对低温、干旱、瘠薄等逆境的适应能力。

②嫁接技术在植物改良中的应用:作为植物无性繁殖的主要方法,达到特殊的栽培目的,达到改造植物的目的,能够保持品种的优良性状。

③减少病虫危害,增强植株抗病虫能力。

④提高接穗抗逆性,增强环境适应能力。

⑤促进生长发育,提早成熟,提高产量。

⑥嫁接技术在植物育种实践中的应用:通过嫁接杂交培育新种类型或新品种,作为有性杂交育种的辅助手段。

⑦扩大繁育系数,加速优良品种苗木繁育。

【考核评分】

嫁接项目评分标准见表 3-1 和表 3-2。

表 3-1　靠接评分标准

序号	评分要素	考核内容和标准	分值	得分	备注
1	5～10 分钟内完成 10 个	10 分钟内完成 20 个。操作规范、熟练	70		整个操作中安全有问题此项零分
2	削砧木	切口平滑、下胚轴不劈开、深 1 厘米、安全	20		
	削接穗	削面平滑、长度适当、安全			
	嫁接	接穗斜面与砧木斜面紧靠在一起,二者在一条直线上			
3	嫁接过程	秧苗轻拿轻放,不沾泥土。嫁接过程操作规范、熟练	8		
4	整理	接后搞好地面和桌面的卫生	2		
	总分		100		

考核教师:

表 3-2　插接评分标准

序号	评分要素	考核内容和标准	分值	得分	备注
1	5分钟至10分钟内完成10个	5分钟内完成10个。操作规范、熟练	18~20		整个操作中安全有问题此项零分
		10分钟内完成10个。操作规范、熟练	5~10		
		15分钟内完成10个。操作规范、熟练	1~4		
2	削砧木	切口平滑、下胚轴不劈开、深0.5厘米、安全	11~20		
		切口平滑、下胚轴不劈开、深0.5厘米、安全度差	6~10		
3	削接穗	削面长度0.5~0.8厘米楔形,切面两侧长度一致、削面平滑、安全	12~20		
		削面平滑、长度适当、切面两侧长度不齐、安全	8~11		
		削面平滑、长度不适当切面两侧长度一致、安全	4~7		
4	嫁接	操作规范、熟练、切口砧木切口平、安全	18~20		
		操作规范、熟练度差、切口砧木切口平、安全	10~17		
5	整理	操作规范、熟练	10		
		接后搞好地面和桌面的卫生	10		
	总分		100		

考核教师：

第三节　黄瓜嫁接育苗技术

黄瓜为葫芦科植物黄瓜属,一年生蔓生或攀援草本,茎细长,有纵棱,被短刚毛。黄瓜根系分布浅,再生能力较弱。茎蔓性,长可达 3 米以上,有分枝。叶掌状,大而薄,叶缘有细锯齿。花通常为单性,雌雄同株。瓠果,长数厘米至 70 厘米以上。嫩果颜色由乳白至深绿。果面光滑或具白、褐或黑色的瘤刺。有的果实有来自葫芦素的苦味。种子扁平,长椭圆形,种皮浅黄色。

黄瓜属喜温作物。种子发芽适温为 25～30℃,生长适温为 18～32℃。黄瓜对土壤水分条件的要求较严格。生长期间需要供给充足的水分,但根系不耐缺氧,也不耐土壤营养的高浓度。土壤 pH 以 5.5～7.2 为宜。

【工作内容】

1. 播种、育苗

播种前要对种子曝晒消毒 48～72 小时,对苗床进行灭菌处理。种子干籽直播于装有育苗营养基质的育苗穴盘(插接)或平盘(断根插接),播种后覆土,接穗 1 厘米、砧木 1.5 厘米,覆土后专用喷淋系统浇透水,在育苗床架或催芽室中育苗。一般插接法砧木较接穗早播 4～6 天,砧木 1 叶 1 心,接穗子叶展平时进行嫁接。在无配备催芽室的温室中,可直接在苗床上进行育苗,9 月到次年 5 月播种后要覆盖透明薄膜,起到保湿作用,一般出苗期可不必再浇水。7、8月温室内温度高于30℃时,可在苗盘上覆遮光物,防止过热引起种子灼伤。

2.嫁接前准备工作

准备好刀片、嫁接夹、嫁接针等工具以及装有营养基质的50孔穴盘。嫁接一般在室内进行,温度控制在20~25℃为宜,湿度最好达到80%以上,光照为弱光,如天热光强,要遮阳降温。嫁接工具用70%医用酒精消毒。嫁接前1天,用72.2%普力克水剂600~800倍液加农用链霉素400万单位的混合液喷洒砧木和接穗,直到叶片滴水为止。

3.日光温室黄瓜嫁接操作方法

(1)插接法　先播砧木南瓜,后播黄瓜,黄瓜在南瓜出土时(即播后4~6天)播种。待南瓜苗下胚轴直径在0.5~0.6厘米,黄瓜苗直径在0.3~0.4厘米时嫁接,即南瓜苗高7~10厘米,长出真叶时,黄瓜苗子叶展平为宜。

先削去南瓜的生长点,用嫁接针或竹签,从南瓜苗一个子叶基部离生长点2~3毫米的主脉处插进,通过生长点斜30°向下方插向另一个子叶的皮层处,不要插破表皮,孔长约0.6厘米,同时切断接穗的根,留茎长度1.2~1.6厘米,同时将黄瓜茎下方斜切30°,切面大约长0.6厘米,然后把削好的黄瓜顺嫁接针插入的位置插好,并稍稍用一点力,摇动时不掉为度(图3-1)。用此法嫁接,一般可不用嫁接夹。接好后迅速将嫁接苗放入嫁接愈合室内进行培养。

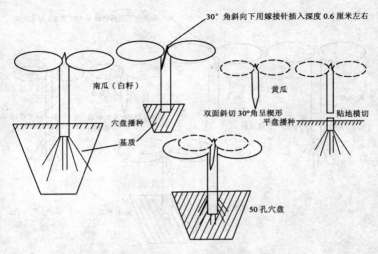

图 3-1　黄瓜穴盘育苗插接示意图

(2)断根嫁接方法　断根嫁接法是在插接法基础上的改良。嫁接时用刀片将砧木从茎基部断根,去掉砧木生长点,用竹签紧贴子叶叶柄中脉基部向另一子叶叶柄基部呈 45°左右方向斜插,竹签稍穿透砧木表皮,露出竹签尖;然后在接穗苗子叶基部垂直于子叶将胚轴切成楔形,切面长 0.5～0.8厘米;拔出竹签,将切好的接穗迅速准确地斜插入砧木切口内,尖端稍穿透砧木表皮,使接穗与砧木吻合,子叶交叉呈"十"字形。嫁接后立即将断根嫁接苗插入 50 孔穴盘内进行保温育苗(图 3-2)。接好后迅速将嫁接苗放入嫁接愈合室内进行培养。

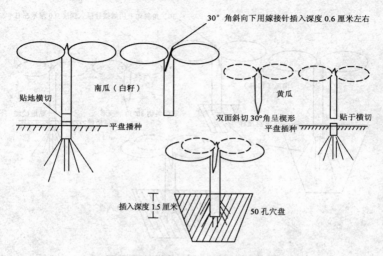

图 3-2　黄瓜双断根插接法示意图

4.嫁接黄瓜愈合管理调控手段

（1）激素的应用　嫁接成活的过程,是由愈伤激素的作用使砧穗断面形成层产生愈伤组织的细胞互相结合、分裂、分化,逐渐形成新的维管束,使导管和筛管沟通相连,互相协调运输养分,两者愈合为一个新的植株,嫁接成活。

嫁接伤口愈合的快慢直接影响秧苗的成活率、生长速度及后期质量,因此可以采用有效的激素促进嫁接苗伤口愈合。NAA、IAA、6-BA、6-KT 在 20~50 毫克/升下不仅提高嫁接成活率而且明显促进嫁接苗的生长。其中萘乙酸（α-Naphthalene acetic acid, NAA）是一种生长素类的植物生长调节剂，通过使细胞壁松弛、促进 RNA 和蛋白质等物质的合成而促进细胞的生长。研究表明，在 40 毫克/升时促进嫁接苗生长效果最为显著。在嫁接过程中可对接穗直接蘸取适宜浓度激素，然后迅速插入砧木中进行嫁接。

激素溶液的配制：NAA、IAA 在光和空气中易分解，不耐贮存。易溶于无水乙醇、醋酸乙酯、二氯乙烷，可溶于乙醚和丙酮。不溶于苯、甲苯、汽油及氯仿。不溶于水，其水溶液能被紫外光分解，但对可见光稳定。在配制溶液时，先将其溶于乙醇，在乙醇中充分溶解后加水稀释到要配制的浓度。

6-BA、6-KT 为白色结晶粉末，易溶于稀酸稀碱，难溶于水、醇、醚和丙酮。在酸、碱中稳定，可用盐酸或氢氧化钠溶液进行溶解，在溶解过程中可以适当加热，振荡，利于充分溶解，充分溶解后才可进行稀释到指定浓度，否则未充分溶解部分将降低溶液浓度。

注意事项：

①避免药液沾染眼睛和皮肤。

②使用时不可让除茎外接触激素。

③用弱酸弱碱配制的溶液，要保证最终溶液呈中性。

④贮存于阴凉通风处。

⑤废液不要随意丢弃，在专门处理废液池中处理。

(2)设施环境调控

①愈合设施。日光温室可在移动苗床上直接进行嫁接后的愈合管理，无须设置专门的嫁接愈合室，不仅降低建造

成本而且减少了进、出愈合室程序等管理的劳动成本,是工厂化嫁接育苗的重大突破。

　　育苗床床架上增铺无纺布,同时必须在无纺布下增设塑料薄膜,无纺布厚度可根据季节特点不同而选择材料,夏季一般用较薄的,冬季利于保温适当增加无纺布厚度或铺设层数。在苗床框架的长边正上方设置高于苗床 15～20 厘米的铁丝绳,与苗床长边平行,用于支撑覆盖物。嫁接前在无纺布上浇透水,嫁接好的黄瓜苗直接放在苗床上,迅速用黑色地膜覆盖,夏季光照较强时,薄膜外也可增覆无纺布避免光照强度过大,同时要注重结合外遮阳的使用。

　　②温度管理。嫁接愈合过程中需要消耗物质和能量,提高温度有利于这一过程的顺利进行。嫁接后 3 天内,保持白天温度 25～28℃,夜间气温 18～20℃。主要通过地热线增温来实现;在夏季育苗,温室内的温度高时,可采用遮阳网、水帘、放风口、风机等降温处理。温度环境的调控技术如下。

　　a.保温、增温。冬春季温度环境的调控主要是保温、增温。冬、春茬北方日光温室嫁接苗生产的气温和地温,主要来源于白天射入室内的太阳光积蓄的热量。但到夜间,温室内的热量又通过各种渠道向外散失,使室温下降。为保证室内的温度,可分别从保温和增温两个方向调控。

　　保温:设计合理、保温措施得力的日光温室,正常情况下室内的最低温度在 10℃ 以上,其室内 1 月份的平均温度应达到可以随时定植喜温果菜的温度水平,在外界气温 −20℃ 左右的情况下,室内外温差可达 30℃ 左右。

■ 墙体要达到一定的厚度。北纬 40°以北地区，墙体采用"苯板 ＋ 砖"结构的，其厚度可为"内 24 厘米厚砖墙 ＋ 中 12 厘米厚苯板(内外两层错缝放置) ＋ 外 12 厘米厚砖墙"；采用石头或砖作为墙体结构的，其厚度可为"50 厘米厚墙体 ＋ 当地最大冻土层厚度的培土"。

■ 保证后坡的厚度和长度。以苯板作为后坡材料的苯板厚度为 14 厘米(上下两层错缝放置)；以秸秆作为后坡材料的厚度不低于 40 厘米。此外，后坡水平投影约 1.4 米，过短不利于保温。

■ 温室前底脚要设置防寒沟。为防止外界的低地温横向传导到室内，可于温室前底脚基础处向外挖深 50 厘米、宽 40 厘米的防寒沟，防寒沟的周围衬上旧塑料薄膜，内装干燥的碎草，封严压实，防止漏水。

■ 加强外覆盖。节能日光温室采光面是散热的主要部位，所以其上不透明覆盖物的保温能力对日光温室的保温起着非常重要的作用。目前生产上使用的外覆盖物主要是草帘，有条件的温室可以采用棉被覆盖。外覆盖物的揭盖时间既影响日光温室的采光时间，同时也影响日光温室的温度。早上揭帘时间过早，外界气温低，且光照较弱，会造成室内气温下降过大；早上揭帘时间过晚，又造成日光温室内作物见光时间缩短，同时温室升温推迟。晚上放帘时间过早，日光温室内作物见光时间缩短，过晚则温室降温起点温度偏低。一般情况，早上拉帘时间以拉起后气温降低 1～2℃后再回升较适宜，若降温 2℃以上，则说明拉帘过早；傍晚放帘时间以放帘后的气温回升 1～2℃较为适宜,若回升 2℃以上,则说明放帘过早,若放帘后不升温而直接降温,则说明放帘过晚。要及时掀、放棉被。配备较好的保温棉被及自动卷帘系统,在早春及秋冬季,太阳照到温室半小时后即可掀开棉被,以掀开棉被温度下降 1～2℃,在半小时内温度又能回升为掀开最佳时间,在温室内温度低于 18℃时放下棉被,在短时期内温室温度会下降,然后缓慢回升后,整个夜晚持续下降。

加温:冬季蔬菜生产常常遭遇强寒流的侵袭和连续阴雨低温天气,采用临时加温措施可有效预防和降低灾害性天气带来的损失。

■ 中央锅炉加热系统,可以是蒸汽加热,也可以是热水加热。蒸汽加温系统的优点是锅炉小、无须循环泵、无须修理水管,但蒸汽的热量消散快、对锅炉不间断运行的依赖大。热水加热系统使用加热到 82℃或 95℃的热水,并加压后送到温室,因此其热容较大,热水加温系统的空气温度更稳定,系统中容纳的大量热水,包含有很多的热量,在遇到锅炉故障的情况下,几个小时内温室不会出现冻害。

■ 大规模育苗温室加热常用的方法是将热水管或翅片管布置在苗床下加热。这种方式提供了一种较好的根系加热系统,非常有利于嫁接苗的愈合及生长,而且不会将热量浪费到作物栽培区上部的空气中。

■ 苗床下铺设地热线,在电源和地热线间安装控温仪,设定所需温度,有效控制温度在所需范围内。

■ 在后墙张挂反光幕来增强光照。张挂反光幕可使温室内北半部的光照强度增加 40％以上，还可使栽培区的地温、气温提高 2℃左右。

　　b.降温。夏季日光温室白天一般会超过 30℃，必须采取措施降低温度。

　　■ 适当加大日光温室前后处的通风量，并在通风口处安装 25 目的防虫网，当室温高于 35℃时，在加大通风量的同时，间隔覆盖遮光率为 40％ 的遮阳网。延长风口开放时间，夏季不遇特殊天气，可昼夜通风。

　　■ 温室内水车喷水雾，可在半小时内降低温室内温度 3～5℃。

　　■ 遮阳网，遮光的措施一般也具有降温或减缓升温的作用。在夏季可使用双层遮阳网，达到较好效果。

　　③湿度管理。嫁接后将苗床浇透水，创造一个高湿环境，要用黑色薄膜覆盖，保持空气相对湿度宜在 95％以上。

　　a.增湿。

　　■ 夏季湿度低，无纺布要浇水，即使是浇到无纺布上的水，也要保证水温与空气温度相差不大，一般要用蓄水池、专门输水管道，方便及时补充水分。

　　■ 可以利用水车在温室内洒水，增加温室内湿度。

　　b.降湿。

　　■ 通风换气。通风换气是降湿的好办法。通风必须在高温时进行，否则会引起室内温度下降。如果通风时温度下降过快，要及时关闭通风口，防止温度骤然下降使种苗遭受危害。注意不能在棚内形成过堂风，否则会造成生理性病害的发生。

■升温。用升温来降湿,棚内温度每升高 1℃就能降低相对湿度 2%~3%。采用这种方法既可满足种苗对温度的需要,又可降低空气相对湿度。当嫁接苗长到具有抵抗力时,浇水闭棚升温达 30℃左右持续 1 小时,再通风排湿。3~4 小时后棚温低于 25℃时可重复 1 次。

④光照管理。嫁接后 3 天内,主要通过黑色地膜遮光,外遮阳采用遮阳网等遮光,避免阳光直射,第 4 天起撤掉黑色地膜,逐渐增加透光量,但外遮阳必须保持。7 天后只在中午遮光,10 天后彻底撤除外遮光物。

a. 遮光。

■ 11 月份到次年 4 月份,嫁接 3 天内遇阳光充足的中午,可适当放下棉被,起到较好的遮光作用。

■ 5—10 月份,嫁接 3 天内晴天 9:00—16:00 必须使用外遮阳网,夏季光照强时,要选用密度大、遮光效果好的双层遮阳网。

■嫁接 3 天后要逐渐增加透光量,因此要采取措施遮挡阳光,以防止种苗突然接受阳光发生日灼等生理性病害,透光量必须先保证其正常的生理活动。可采用放花苫遮光、适宜遮光率的遮阳网等遮光。

b. 透光。

■提前选用无滴消雾效果优良的长寿薄膜。嫁接 3 天后要保证一定的透光量满足其生理需求,遇阴雨天气光照受到限制,因此若使用了劣质薄膜,不但造成室内雾滴成片、使弱光更弱,而且导致室温更低、湿度更高,恶化种苗生长的环境条件。

■ 合理揭盖棉被。在保证蔬菜生长所需要的适宜温度的前提下,适当早揭和晚盖棉被,可延长光照时间,增加光量。一般太阳出来后 0.5～1 小时揭帘、太阳落山前半小时盖帘比较适宜。特别是在时阴时晴的阴雨天里,也要适当揭帘,以充分利用太阳的散射光。提倡使用自动卷帘机。

■ 张挂反光幕。用宽 2 米的镀铝膜反光幕,挂在大棚北侧的墙体上,可增强棚内的光照。

■ 补光技术。在连续阴雨雪天气时,嫁接后种苗不能进行正常光合作用,影响生长,可以用白炽灯、荧光灯、生物效应灯等进行人工补光。

⑤通风换气。嫁接后第 4 天可揭开黑色薄膜换气 1～2 次,5 天后嫁接苗新叶开始生长,应增加通风量,7～8 天后基本成活,开始正常管理。

■ 保证嫁接苗生长在良好的环境,必须首先保证整个温室的空气质量,要适时进行通风换气。一般晴天时,在不影响温度的情况下,应尽量早揭晚盖;阴天,尤其是连阴天,必须进行适当的通风。进入严寒期,要把顶风改为通风筒放风,而且在薄膜表面结霜时,应等到阳光满晒温室,室温上升到 28℃ 左右时,开始放风,通风量由小到大,室温降到 25℃ 时逐渐关闭通风口,降至 20℃ 时全部关闭。

■ 愈合小环境内的通风换气。在保证整个温室空气量良好的情况下,嫁接 4 天后要早晚揭开薄膜换气 1～2 次,此时要关闭温室外通风系统,在换气后可再次开启外放风系统,以后逐日增加通风量,直到成活。

■ 成活后遇到大风天气,要及时关闭外风口,以免刚成活的种苗生长受到影响。

⑥嫁接成活后的管理。10~12天嫁接成活后进入正常管理,地温20℃左右,白天气温25~30℃,夜间气温16~18℃。此时为防止徒长应适当降低夜温。

⑦调控矛盾的协调。一项调控措施的实施,可能会造成多个因素之间的矛盾,比较典型的就是放风在排湿的同时会降温。这个时候我们要抓主要矛盾,什么最急于解决我们就先解决什么。

⑧病虫害防治。每年消一次毒,由于棚室相对封闭,为病虫害的防治创造了一定的好条件。我们可以利用其封闭的特点,释放烟雾剂、高温闷棚、设置防虫网、张挂色板等,进行小环境内的处理。

总之,环境因子之间互相影响,一个因子的变化会引起其他因子的变化,在节能日光温室生产中既要注重各环境因子的综合效应,又要抓住影响种苗生长的主导因子或限制因子,科学合理地进行调控。

【注意事项】

1.选择材料

选择合适的砧木,不同砧木的耐旱、耐寒、抗病性等有很大差异,可以根据栽培目的和方式选用相应的砧木。所用刀片要锋利。要使用新刀片,可以掰成两半使用,每片最多可以切割 150 株左右。发现刀片发钝时就要淘汰，以免切口不整齐影响愈合。

2. 选择适宜方法

蔬菜嫁接方法有断根嫁接、插接、贴接、靠接等。大量试验表明，插接法和断根嫁接显著提高秧苗质量，是工厂化育苗嫁接推荐方法。

3. 确定播种时间

砧木及接穗的播种时间要根据两者的生长特性及要采用的嫁接方法而定。如黄瓜与白籽南瓜采用断根嫁接时，白籽南瓜应比黄瓜提早 3～5 天播种。

4. 浇水水温

种子出芽期对外界环境敏感，注意温度变化，浇水时要保证水温与环境温度差不多，尤其是要出芽的，很容易遇到低温水腐烂掉。

5. 控制浇水量

嫁接时砧木既要健壮又要达到一定高度，因此要控制好浇水量，不可使种苗徒长也不可过分蹲苗。

6. 清除病苗

病苗带菌，通过嫁接作业可以传给很多苗子。因此，开始嫁接前就要严格挑出病苗和疑似病苗。

7. 掌握嫁接时期

南瓜的生长时间长短要合适。嫁接用的南瓜苗茎部要充实，一般生长时间不应超过 14 天，如果生长期过长，则茎部出现中空，影响嫁接质量。

8.插接部位

最好的插接部位是在南瓜 2 片子叶的中间,这样黄瓜和南瓜的切口面积接触大,有利于嫁接苗的成活。黄瓜的切口部位要短一些,一般在生长点下 0.5 厘米处即可,这样嫁接后黄瓜不易倒伏,便于管理。

9.节约成本

在南瓜子叶中间进行插接的,可以不用夹子固定,以利于节约成本和节约人工。

10.防止黄瓜生根

嫁接时,要及时将嫁接苗栽在穴盘内,覆土不要离切口很近,如果覆土距离切口太近,由于愈合环境内湿度过高,极易引起切口的腐烂。另外,黄瓜生长中出现的须根会直接扎入基质,利用自生根生长,失去嫁接意义。

11.控制激素浓度

使用激素时不可浓度过高,激素浓度过高,不但不能起到促进种苗生长的作用,反而可能会对种苗产生不良影响,所以要严格控制激素浓度。

【问题处理】

1.嫁接作业场所

嫁接作业适宜的环境是不受阳光直射,少与外界气体接触,气温在 20～24℃,空气相对湿度 80% 以上。若当地空气湿度较低可在嫁接前向温室内喷水,增加空气湿度。可以用覆盖外遮阳网方法遮挡直射阳光。

2. 工具不清洁

进行嫁接操作的人员的手和所用刀具,要在作业过程中多次用酒精或高锰酸钾溶液进行消毒。但消毒后的刀片必须完全干后才能再用。可多准备几个刀片,轮替使用。操作人员的衣帽也应该保持清洁。

3. 病原菌直接感染接穗

嫁接后会使阻止病原菌从根部和根颈部侵入,但不能忽视接口或接穗部分直接侵入,所以嫁接育苗还需要防止病原菌直接侵染接穗部分。一是嫁接和嫁接后都要保持接口部分的清洁,不要沾染基质或水滴。二是砧木插入基质时,不要使接口接近或埋入基质中,这样做还可避免接穗发生新根。

4. 接穗萎蔫

嫁接苗栽到穴盘后,及时覆盖黑色塑料地膜和遮阳网或无纺布,保持秧苗在黑暗的环境中 3 天左右,同时要严格保证小环境内的湿度条件,如果苗床内湿度合适,可以不喷水。但因湿度小,叶片出现萎蔫时,要及时喷水,水量要小,喷水可用喷雾器喷水,喷头向上(向空中)进行喷雾或及时向无纺布上补充水分,避免直接将水喷入切口,引起腐烂。

5. 嫁接苗徒长

一般遮阳 3 天后,可逐渐去掉黑色地膜或其他遮阳物,但要循序渐进,由小到大,刚去掉时,如遇强光一定要再进行覆盖遮阳。同时注意适时通风,防止秧苗徒长。

6.湿度和药害

阴雨天湿度过大,嫁接苗伤口容易腐烂。可在雨季来临前喷洒抑菌剂,同时注意用药浓度,不可使幼苗受到药害。

第四节　苦瓜嫁接育苗技术

近年来,蔬菜生产基地因常年复种蔬菜,其土传病害的发生日益严重,苦瓜的枯萎病更是普遍发生,常给蔬菜基地的苦瓜生产带来毁灭性损失,严重影响产量和收益,致使农民种植积极性受挫,种植面积锐减。苦瓜嫁接栽培技术在生产上进行应用,从根本上克服了重茬连作障碍,有效地防止了枯萎病危害。

【工作内容】

1.选择适宜的砧木和接穗品种

选择亲和力好、抗逆性强的瓜类品种作为砧木,目前以黑籽南瓜为宜;接穗品种一般选本地主栽品种,如农科院选育的"苦瓜一号"、大麻子苦瓜均可。

2.浸种处理

播种前将筛选好的苦瓜种壳磕破,注意不要伤及种仁。然后将苦瓜种子温汤浸种,浸泡于 55～60℃ 的热水中,并不停地搅拌,使种子受热均匀。10～20 分钟后,待水温降至30% 左右继续浸泡,苦瓜种子一般浸泡 8～10 小时,再用清水洗去黏液,浸泡后捞起,放入 28～32℃ 的恒温箱中催芽,种子发芽后即可播种。砧木种子(黑子南瓜)浸种催芽:黑籽南瓜种子放入 35～40℃温水中,浸种 10～12 小时,将浸泡过的种子揉搓几次,用清水洗净,沥去多余水分,摊在阴凉通风处晾 5～8 小时,使种子外皮不粘连。最好用干毛巾包盖起来,放于 30～35℃处催芽,发芽要 2～3 天。

3. 配制营养土

南瓜播种育苗必须采用营养钵,营养土的配制是将多年未种过瓜的田土与腐熟的厩肥或堆肥,按 3∶1 的比例混合均匀,每立方米营养土加入腐熟的人畜粪 50 千克、过磷酸钙 1.0 千克,用 40%福尔马林 50 倍液喷洒或 100 克多菌灵或 200 克百菌清混合,薄膜覆盖堆闷 10～15 天,让其充分发酵、消毒后,摊开翻晾 5～7 天,装入营养钵。苦瓜播种育苗须采用净土,以防止苗期感染病害。

苦瓜幼苗生长比较缓慢,应适当加大育苗土中的用肥量。适宜的育苗土配方比例为:田土 6 份,充分腐熟的猪粪、羊粪 4 份,每立方米土中再加入 1 千克磷酸二铵、1 千克硫酸钾,或直接加入 1～2 千克氮磷钾三元复合肥。另外,每立方米土中还应加入 200 克多菌灵和 200 克敌百虫或辛硫磷,预防苗期病虫害。将肥、土与农药充分拌匀后过筛,筛出土中的大土块和粪块等。拌匀后培成堆,上用塑料薄膜覆盖严实,闷堆 1 周后再用来育苗。

4. 适期播种

根据本地多年气候特点和农民栽培习惯,一般以清明前后播种为好,如提前播种育苗,须采用电热温床或土温床育苗,一般南瓜应比苦瓜早播 3～5 天。露地栽植,可在温室内或大棚内 3 月中旬播种,4 月上旬嫁接,5 月 10 日前后(晚霜过后)定植。

5.适时嫁接,加强嫁接苗管理

当南瓜长出真(心)叶,苦瓜的幼苗长到一叶一心时即可嫁接。阴天、无风和湿度较大的天气最适宜嫁接。嫁接前,苗床要适量浇水。嫁接方法如下。

(1)切砧木　选适宜的砧木苗,先切除真叶及生长点,在子叶节下 0.5 厘米处的宽面下刀,由上向下,斜切至下胚轴直茎的 1/2,刀口长 1 厘米。

(2)削接穗　左手拇指与中指捏住接穗下胚轴的下部,食指托住应削切部分,右手持刀,在子叶节下 2 厘米处的窄面下刀,由下向上斜切至下胚轴直径的 2/3,刀口长 1 厘米。

(3)靠接　接穗削切后,立刻将接穗与砧木靠接在一起,使接穗与砧木的一边对齐,同时用固定物(嫁接夹)固定。另外用湿润细土把接穗的根部盖住,并使接穗与砧木在培养土层以上,保持一定距离,以便除根。

(4)断茎　靠接后 10 天左右,用刀片或剪刀在固定物下沿,截断接穗的下胚轴,并将其根部拔出。

6.嫁接苗的管理

嫁接时需先支好 50～60 厘米高的小拱棚,每嫁接 1 株后,都要及时用小喷雾器对接穗子叶进行喷雾,以防接穗萎蔫。同时尽快把喷雾过的嫁接苗摆放在小拱棚内,每摆放 5～6 米长 1 段或 1 畦,就需向苗床内灌 1 次底水,而且要灌足,灌后严封小拱棚,以提高苗床内湿度。在嫁接 1～3 天内,苗床内宜保持白天 26～30℃,夜间 18～20℃的温度。空气的相对湿度应在 98%～100%(膜上布满露珠)。中午强光温度过高时,可用寒冷纱或草帘遮阳,或喷水降温。在 4～7 天内,可逐渐降低 2～3℃,同时增加光照强度。至 8～9 天,接穗已明显生长时,开始通风并逐日加大通风量,以降温、降湿及增加光照。11～12 天后才可去掉小拱棚,进入苗床的正常管理。

嫁接苗的生长,不太一致。当去掉苗床的小拱棚后,结合去萌蘖,不定根等工作,应及早清除未成活的死苗,同时把成活苗分级排放,分级管理。

7.定植

施足底肥、适当密植,结合耕翻整地,每亩施人畜粪 3 000～3 500 千克、三元复合肥 70 千克,然后整畦。采用小高畦行覆膜栽培,1.2～1.5 米包沟开厢定植 1 行,株距 33 厘米。嫁接苗叶片达 4～6 片时即可定植,定植时要选完全成活苗,确保定植后植株生长整齐一致,定植嫁接苗一定要露出嫁接口 1～3 厘米。

【注意事项】

①播种前对种子进行处理,注意不要伤及种仁。

②苦瓜播种育苗须采用净土,以防止苗期感染病害。

【问题处理】

①克服了重茬连作障碍,有效地防止了枯萎病危害。

②增强植株抗病性,有效提高产量,改善品质。

第五节　茄子嫁接育苗技术

茄子嫁接主要是解决黄萎病和根线虫危害,经过多年应用于生产,茄子嫁接技术已应用范围较广,目前保护地种植的茄子基本上实现了嫁接栽培,部分露地种植的茄子已开始应用。

【工作内容】

1.品种选择

砧木与接穗在嫁接亲和力上品种间表现差异不大。目前推出的砧木优良品种主要是从野生茄子中筛选出来的高抗或免疫品种,有圣托斯、托鲁巴姆、平茄、刺茄等。在具体选用砧木品种时,应根据当地具体情况、病害种类、发病程度选择适宜的砧木。接穗的选择应考虑耐低温弱光、抗病丰产、商品性好,适合当地主栽、市场受欢迎的优良茄子品种。

2.播种

(1)种子消毒及催芽处理

①砧木种子处理。以托鲁巴姆和刺茄为例,托鲁巴姆砧木对枯萎病、黄萎病、青枯病、根结线虫病 4 种土传病害达到高抗或免疫的程度。种子不易发芽,需催芽。浸种时用 100～200 毫克/千克赤霉素浸泡 24 小时,再用清水浸泡 24 小时洗干净,然后装入布袋内放入恒温箱中进行变温催芽处理,应注意保温、保湿。一般 4～5 天可出芽,种子露白后即可播种。刺茄高抗黄萎病,是目前北方普遍使用的砧木

品种,种子易发芽,浸泡24小时后约10天可全部发芽。刺茄较耐低温,适合秋冬季温室嫁接栽培,苗期遇高温高湿易徒长,需控水蹲苗,使其粗壮。

②茄子种子处理。一般采用温汤浸种。用50～60℃水浸泡种子约15分钟,再用0.3%的高锰酸钾浸泡30分钟,然后用30℃的温水浸种8～10小时,将种子捞到清水中反复搓洗,洗掉种子表面的黏液,将种子放在湿纱布中,置于28～30℃条件下催芽,5～7天即可出芽(胚根)。

(2)错期播种 先播砧木,后播茄子,采用错期播种,错期间隔时间的长短,依据砧木的生长速度和播种时室内温度决定。托鲁巴姆种子如催芽播种需比接穗提前20～25天,浸种直播应提前30～35天。用刺茄作为砧木需比接穗早播5～20天。播种前要对砧木和接穗用的基质和育苗盘进行消毒。基质装盘后将催好芽的砧木和接穗种子均匀地播在育苗盘内,浇透水,盖上蛭石,再覆盖薄膜保温、保湿。

(3)播后管理 接穗及砧木在出齐苗前均采用高温催苗措施,白天保持28～30℃,夜间18～23℃,当出苗20%～30%时撤掉地膜,出齐苗后应适当降温3～5℃。当砧木苗长到2叶1心时移栽到50孔穴盘或8厘米×8厘米的营养钵中。接穗苗长到2叶1心时移栽到72孔穴盘中。嫁接前5～7天对砧木苗和接穗苗采取控水促壮措施,以提高嫁接成活率。嫁接前1天,给砧木、接穗浇透水。

3.嫁接技术

当砧木达5～7片真叶(40～60天),接穗(茄子)4～6片真叶(30 天),茎粗 3～5 毫米,株高 15～20 厘米,茎呈半木质化时为最佳嫁接时期。嫁接前搭塑料小拱棚,备好遮阳覆盖物、草帘等;嫁接工具用刀片和嫁接夹、塑料条等。嫁接时要选择晴天遮阳条件下进行。常用嫁接方法有劈接法和靠接法。

(1)劈接法　操作方便,成活率高,是茄子嫁接最常用的方法。具体操作方法:砧木留 2 片真叶,从第 2 片真叶之上、离地面 3～5 厘米处上部平削去头,然后用刀片在茎的中间垂直切一刀口,深度约 1 厘米。取出大小与砧木一致的接穗苗,从半木质化处(即苗茎黑紫色与绿色明显相间处)去掉下端,接穗留 2 叶,将穗削成楔形,楔形大小与砧木削口相当,快速将接穗插入砧木削口内,并用嫁接夹夹好。

(2)靠接法　在砧木和接穗都长到 2～3 片叶时进行靠接。具体操作方法:选择大小相近的砧木和接穗,都在第 1 片真叶下 1 厘米处接穗斜向上切,砧木斜向下切,切口长 0.4～0.5 厘米,深度为茎粗的一半。对好切口将砧木与接穗用嫁接夹或塑料条固定。移栽到嫁接育苗钵中。砧木和接穗的根系要分开些,经过 10 天左右伤口愈合后,给接穗断根。

4.嫁接苗的管理

(1)温、湿度管理　嫁接好的嫁接苗,要及时移入准备好的嫁接苗床内,搭盖薄膜,保湿保温。茄子嫁接苗愈合以前,温度白天控制在 26～28℃,夜间 20℃左右,空气相对湿度控制在 95% 以上。

（2）光照管理　茄子嫁接至愈合期 5～6 天,要严防强光直射,早晚要多见散射光,中午用纸被等遮阳物盖上,以避免强光照射,两天后再半遮阳两天,再过两天去掉全部遮阳物,炼苗 2～3 天,进入正常管理。

（3）水肥管理　嫁接成活后,要及时进行补水追肥,可配制营养液浇灌,或用 0.20%～0.30%磷酸二氢钾和 0.50%尿素溶液根外追肥,7～10 天追 1 次。营养液配比为 100 千克水兑尿素 30.60 克、过磷酸钙 30 克、磷酸二铵 11.40 克、磷酸二氢钾 30 克。

（4）通风管理　7 天内不通风,7 天后从底部于早或晚逐渐放风,风口由小到大,时间由短到长,大约 30 天接穗长到 5～6 片叶时即可定植。

5.炼苗

定植前 10～15 天,要进行低温炼苗和干旱蹲苗,以增强嫁接苗定植后的抗逆能力。此时期,白天温度控制在 20℃左右,夜间 10～15℃,水分控制在以茄苗不萎蔫为止。

【注意事项】

①使用嫁接工具注意安全。

②使用工具前要对工具进行消毒处理。

【问题处理】

茄子栽培特别是温室栽培中倒茬轮作存在的问题,采取嫁接育苗栽培技术,能有效地防止土传病害的发生。通过嫁接换根,砧木对黄萎病、枯萎病、青枯病、根线虫等土传病害高抗或免疫,增强抗病虫害的能力,并解决了茄子连作障碍的难题。嫁接后茄子根系发达,吸收水肥能力增强,生长迅速,提高了植株的抗逆性,产量明显增加。茄子嫁接后外观颜色变深,着色均匀,单果重增加,明显改善商品性。

第六节　番茄嫁接育苗技术

随着设施蔬菜栽培面积扩大,番茄作为设施栽培的主栽蔬菜作物,其栽培面积逐年扩大。由于人们的栽培习惯和对栽培高效益的追求,导致轮作难以实施,根结线虫病、枯萎病、青枯病等土传病害越来越严重,严重制约了保护地番茄生产。采用嫁接技术,可以增强植株抗病性,提高抗性,增强吸收水肥能力,有效提高产量,改善品质。

【工作内容】

1. 砧木和接穗的选择

砧木选择适应性广,抗逆性强,高抗青枯病、枯萎病的野生番茄作嫁接砧木。番茄种子砧木如影武者、加油根 3 号、博士 K 等。接穗可以使用果型大、品质好、适合当地主栽的品种。

2. 育苗

播种前,苗床土壤要消毒,可用 50% 多菌灵 500 倍液喷透营养土。未包衣的接穗种子要消毒浸种,可用 55℃温水浸种 20 分钟,注意搅拌,或用 50% 多菌灵 500 倍液浸种 2～3 小时。砧木与接穗育苗的时间因所采用的砧木种类不同而有差异。一般接穗比砧木迟播 3～7 天。用作砧木的番茄品种,可点播在营养钵中或撒播。撒播的当幼苗 2～3 片真叶时移栽到营养钵中,每钵 1 株苗。接穗种子一般撒播,出苗后 1～2 片真叶时按株行距 8 厘米分苗 1 次。当砧木苗 5～6 片真叶,接穗具有 4～5 片真叶时进行嫁接即可。

3.嫁接

砧木具有 5～6 片,真叶接穗具有 4～5 片真叶时为嫁接适期。嫁接前一天下午,将苗床营养钵浇透水,并喷施一遍杀菌剂以防嫁接时感染病菌。生产上一般采用劈接法和斜切接法进行嫁接。

(1)劈接法　将砧木从下部第 2 片真叶上方 2 厘米处横向切断,去除上部生长点,余下部分用刀片向下 45°角斜削一刀,深度达茎粗的 1/2 稍深,长 1～1.5 厘米,注意不能削得过深,避免茎断裂。接穗的下部叶片可以适当去除,保留 2 叶 1 心即可,在接穗茎下端两面各削一刀呈楔形,厚度约 0.3 厘米,削面长 1～1.5 厘米。将接穗插入砧木劈口,使接穗与砧木表面充分接合,再用嫁接夹夹牢。采用劈接法伤口愈合好,成活率高。另外,采用在砧木上部,垂直劈开茎中轴的插接法嫁接,效果也很好。嫁接时周围空间用塑料薄膜围起,降低风速,防止嫁接苗风干。

(2)斜切接法　在砧木第 2～3 片真叶间,与茎呈 30°角斜切断茎部,斜面长 1～1.5 厘米。选粗度和砧木相近的接穗苗,保留 2～3 片真叶,去掉下端,削成斜面,斜面大小与砧木斜面相当,随即将接穗与砧木贴合在一起,用夹子固定接口。

4. 嫁接后管理

嫁接苗从嫁接到嫁接苗成活,一般需要 10 天左右的时间。嫁接后立即将嫁接苗移入小拱棚内,移苗前棚内地面要喷洒 1 次水。

(1)温度管理　嫁接后的头 3 天白天温度保持在 24℃左右,夜晚不低于 18℃,温度低于 18℃或高于 30℃均不利于接口愈合。3 天后逐渐降低温度,白天 22℃左右、夜间 16℃左右。

(2)湿度管理　嫁接后头 3 天小拱棚不通风,湿度必须在 95% 以上。嫁接 3 天以后把湿度降下来,湿度维持在 75%～80%。每天都要放风排湿,防止苗床内长时间湿度过高造成烂苗。苗床通风量要先小后大,通风量以通风后嫁接苗不萎蔫为宜,嫁接苗发生萎蔫时要及时关闭棚膜。

(3)遮阳管理　嫁接后 3～4 天要全部遮光,可在小拱棚上覆盖黑色遮阳网、草帘或报纸,避免阳光直射小拱棚内。嫁接后 4～6 天,见光和遮阳交替进行,中午光照强时遮阳,同时要逐渐加长见光时间,如果见光后叶片开始萎蔫就应及时遮阳。以后随嫁接苗的成活,中午要间断性见光,待植株见光后不再萎蔫时即可去掉遮阳网。接口愈合前,要经常检查小棚内嫁接苗生长情况,发现营养钵缺水、秧苗萎蔫等现象要及时向小棚内补水。接口愈合后应及时抹除砧木上萌发的侧芽,去掉嫁接夹,淘汰假成活的苗子。

5. 定植

当地温达 15℃以上后开始定植,地膜覆盖,定植时选晴好天气,先打孔浇水,在移栽水渗下去后覆上封严孔口。注意嫁接时刀口位置要高于畦面一定距离,以防接穗根受到二次污染致病。定植后1周即可缓苗。

【注意事项】

①刀片要干净,夹子要消毒。

②嫁接时砧木至少保留2片真叶。

③劈接时切口位置要处于茎的中间,不要偏向一侧。斜切接时,斜面要削得平整,且要有一定长度,不能过小,否则不易接合牢固。

④砧木与接穗粗细接近时,宜采用斜切接法;若接穗较细,砧木较粗时,宜采用劈接法。

⑤劈接的苗子初期较斜切接的苗子愈合得牢固,但斜切接操作简单、速度快、效率高,适合大量嫁接。

【问题处理】

①解决土传病害为番茄生产带来的危害。

②增强植株抗病性,提高抗性,增强吸收水肥能力,有效提高产量,改善品质。

第七节　菊花嫁接育苗技术

(一)菊花的形态特征

1. 根(地下茎)

菊花为菊科菊属多年生草本植物,每年冬季地上部的茎叶枯死,地下部分宿留土中度过严冬,第二年春季萌发新芽。

菊花的地下茎在地上部分开花停长后从植株基部萌发,横向蔓生于土中。地下茎的外形与根相似,具有明显的节和节间,节上有小形的退化鳞片,从茎节上可抽生不定根向下生长,顶端出土后形成幼芽,即通常所说的脚芽。脚芽与母株分离后可单独形成植株。地下茎贮存的营养物质多,脚芽就生长得粗壮。菊花实生苗(用种子繁殖的苗子)具有明显的主根,根系级次明显。用扦插繁殖的菊花缺乏主根,其根系是以不定根形式形成须根系。

2.茎

菊花的茎直立或半蔓生,粗壮易分枝,植株高度因品种而差异很大,一般为 40～180 厘米。茎草质有棱,横切面一般呈近五边形。新枝青色或紫褐色,表面有短柔毛。老枝灰褐色,木质化程度由下向上递减。茎的各节分枝或生叶,枝生长到一定高度,顶端即孕蕾开花。

3.叶

菊花的叶为完全花,单叶互生,有叶柄,部分品种有托叶。叶色因品种不同有差异,一般为浓绿色。叶厚,质脆,叶面一般有绒毛,叶片一般为羽状浅裂或深裂,叶缘有锯齿。因品种不同叶片的各种特征差异明显,是鉴别菊花品种的重要依据。

4.花

菊花的花其实并不是一朵花,而是头状花序。头状花序外面包有几层叶状苞片,组成总苞。内部的小花分为两部分,外层花瓣叫边花,为舌状花,多为单性雌花或无性花,颜色鲜艳;中央的花叫盘花,为筒状花,两性花,具有完整的雌、雄蕊,雄蕊 5 枚着生在花冠筒壁,花丝分离,雌蕊柱头呈丫字形。

5.种子

菊花的种子实际上是类似种子的果实,在植物学上称为瘦果,长 1~3 毫米,表面有棱,黄褐色或绿褐色,种子成熟后无明显休眠期,生活力可保持 1~3 年。

(二)菊花的生长习性

1.土壤

菊花的最大特性是喜肥,同时也耐肥,忌积水。要求是地势高燥、透气性好、保水保肥能力好的肥沃土壤。菊花对土壤酸碱度的适应范围较广,pH 在 5.5~7.5 时均能生长良好。菊花在不同发育阶段对土壤养分的要求不同,早期营养生长时,消耗氮素较多。转向生殖生长后,对磷钾肥的消耗较多。

2.温度

菊花性喜气候温和凉爽,忌炎热,夏季高温易引起菊花早衰。菊花比较耐寒,冬季地下部分耐 -10℃ 以上的低温。让宿根在能忍耐的低温下越冬,有利于提高脚芽的质量。菊花茎叶的耐寒能力比花强,可经受轻霜和薄雪,而花在 0℃ 以下则易受冻害。菊花生长的适宜温度为 15~25℃,35℃ 以上对菊花生长不利,温度高于 30℃ 或低于 15℃ 均不利于花芽分化。研究表明温度对花色有一定的影响,一般寒冷地区栽培的秋菊比温暖地区栽培的鲜艳。在促成栽培中,高温季节开的花,花色变淡,花形变劣,花期缩短。在延迟栽培的寒冷季节开的花比秋季正常开的花鲜艳。5～15℃是开花期的最适温度。

3. 光照

菊花喜阳光充足,忌烈日照射。夏季光线强烈,同时伴有高温,对菊花生长不利。菊花也稍能耐阴,但光照不足容易徒长。菊花对日照长短的反应因种类和品种而异,夏菊为中日照植物,而秋菊和冬菊则是典型的短日照植物,对日照长度比较敏感。株龄不同对短日照的反应也有差异,秋菊和冬菊在长日照条件下有利于营养生长,在短日照条件下则会转向生殖生长。秋菊的临界日照长为 14.5 小时,日照长于 14.5 小时不进行花芽分化,而继续营养生长。短于 14.5 小时花芽开始分化。在花芽分化后要使花芽正常发育,还需要更短的日照,一般为 13.5 小时,同时温度应低于 15℃,昼夜温差为 10℃,这样才有利于花芽正常发育。当日照短于 12.5 小时,温度降至 10℃时花蕾形成。秋菊在花原基形成以后,任何日长条件下都能开花,一般所需短日照诱导开花的日数为 30 天左右。如果在花芽分化没有完全完成而增加日长,则花芽分化会停止或逆转,转向营养生长。光照强度只影响菊花的花色和花期,一般在开花期光照过强会使花期缩短,在光线充足的环境中花色艳丽,原因是较强的光照可以促进花青素的形成。

4. 水分

过去有“干兰湿菊”之说,实际上菊花耐旱忌水湿。适度的干旱可以防止徒长,控制高度,过分干旱会导致生长迟缓,下部叶片因早衰而枯黄脱落。土壤过湿会引起生长不良,积水则容易引起植株死亡。

【工作内容】

1. 嫁接前准备工作

(1)基质的准备　采用普通黄土和锯末按 2：1 比例混合,再用 0.2％高锰酸钾溶液喷湿消毒。在 100 千克基质加熟化油菜籽饼 5 千克和磷酸二铵 1 千克充分混合后,装入花盆中。

(2)砧木的准备　选用菊科蒿属主茎直立、分枝多、多年草本作为砧木,5 月底到 6 月初,将生长健壮无病虫害的青蒿、野艾等,带土移栽到花盆中,使其正常生长。

(3)接穗的采集　采用本地栽培生长健壮、无病虫害、花期相近、花形丰满、花色协调菊花的当年嫩枝做接穗。采回后立即修剪接穗,去掉基部侧枝及叶片,接穗的粗细应与砧木相近,接穗长 8～10 厘米,留 3～4 个芽进行嫁接。嫁接不完的接穗应及时泡在水中,也可随采随接。

2. 嫁接时间和方法

(1)嫁接时间　砧木移栽盆中,待缓苗后,20～25 天即可嫁接。嫁接最好选择在晴天 9:00—16:00 进行,此时嫁接成活率高。

(2)嫁接方法　通常采用劈接法,将接穗的下部削长 2～3 厘米楔形,削面要求光滑平展。距主枝 8～12 厘米光滑处,切断砧木主枝,再纵切砧木主枝中心长 2～3 厘米缝隙。然后将削好的楔形接穗和砧木在 100 毫升/升 7 号 GGR 中迅速蘸一下,将接穗立即嵌入砧木,对齐形成层,用塑料薄膜自上而下绑紧扎实,然后剪除砧木枝条基部的萌芽及叶。嫁接形状,要求根据设计进行,如要球形花,先将砧木主顶剪掉,促发大量侧枝,等侧枝长到一定程度,根据球面一次性嫁接完成;如要塔形花,分层嫁接,每 10 天左右嫁接 1 层,直到嫁接完为止。

3. 嫁接后管理

(1)遮阳　嫁接后立即采取遮阳措施,六七天接穗基本成活后去除遮阳物。

(2)浇(喷)水　接穗后及时浇透水,晴天要注意喷水,每天喷三四次,同时加大袋上通风口,天气特别干热时向袋内少量喷雾,使接穗逐步适应外界环境。

(3)除萌　嫁接后,砧木极易长出萌枝、萌芽,应及时抹除,以免和接穗竞争营养和水分,影响嫁接成活率。

(4)打开塑料袋　3 天后,将塑料袋打开一个小口通风,并注意观察,接穗有无失水萎蔫现象。

(5)补接　如发现袋内接穗萎蔫死亡应及时补接。

(6)解绑　20 天左右接穗开始迅速生长,应及时去掉绑在接穗上的塑料条。

【注意事项】

操作时要做到认真、细心、迅速、准确。

【问题处理】

采用阿坝蒿、甘青蒿、野艾为砧木嫁接菊花,不仅解决菊花易倒伏、徒长现象,而且可以改变菊花的某些性状。植株单嫁接的最大菊花直径由嫁接前 15 厘米增加到 25 厘米,花的大小比嫁接前增大 1~3 倍;花茎也明显增粗,由嫁接前 6~9 毫米增加至 8~13 毫米;花高也明显变矮,由嫁接前 75~120 厘米降低到 67~93 厘米。这些都大大提高了菊花的品质和观赏价值,同时嫁接菊花还可丰富品种、丰富色彩、花形多变、姿态万千,为生产农户带来商机,提高商品价值。

复习思考题

一、填空题

1.嫁接成活过程受( )、( )和( )的影响。

2.茄果类蔬菜嫁接主要采用( )、( )、( )等三种方法。

3.亲和力高低反映了砧木、接穗在( )、( )和( )上的差异性,主要决定于两者的亲缘关系的远近。

4.瓜类蔬菜嫁接通常在子叶苗的下胚轴进行,主要采用( )、( )、( )等方法。

二、简答题

1.嫁接技术在工厂化育苗中的优点有哪些?

2.黄瓜采用插接法的优点和缺点有哪些?

第四章　扦插育苗技术

知识目标　理解扦插育苗基质和扦插床的制作。

　　　　　理解各种环境因子对扦插育苗的影响。

　　　　　掌握扦插育苗技术。

能力目标　掌握扦插育苗基质的配制方法。

　　　　　掌握扦插育苗基质的消毒方法。

　　　　　掌握扦插床的制作。

　　　　　能对扦插苗期环境进行调控。

　　　　　能熟练进行扦插育苗操作。

第一节　扦插育苗的设施设备

【工作内容】

1. 基质处理

基质都应干净、颗粒均匀、中等大小，插床内基质一般不要铺得太厚，否则不利于基质温度提高，影响生根。

(1)基质配方　选干净的珍珠岩、蛭石、河沙。按蛭石：珍珠岩：河沙＝1：1：1进行混合。

(2)基质消毒　用百菌清或甲基托布津600～800倍液

对扦插基质进行消毒杀菌。

2.插床

在温室内,用砖砌的扦插床进行扦插。苗床宽度以不超过1.5米为宜,长度不限,里面铺上30厘米左右厚的蛭石、珍珠岩、河沙。混合比例为蛭石∶珍珠岩∶河沙=1∶1∶1,这些介质都有疏松透气、持水与排水性能好的特点,根据实际情况可以单独或减少种类使用,床底交错平铺两层砖以利于排水。也可以用30厘米×50厘米育苗盘作为扦插床。有些花卉种类扦插床可以用72孔穴盘。

扦插床在春季和夏季高温时也可以在露地人工整地做畦,用平畦作扦插。用遮阳网覆盖遮光,同时注意保持湿度。

有些地区在温室内使用加温的扦插床,增加地温,有利于扦插苗根系的生长。热源用电热线或电热棒埋在基质内,使基质温度比气温高3～6℃,这样生根较快。

3.剪枝剪刀的使用

剪枝剪刀的刀口是主要核心部件,在使用过程中注意保护。使用方法如下:

①使用时注意保护刀片,刀片采用优质钢材制作,并经过热处理,硬度很高。

②手柄设计的30°省力角度,握持舒适,剪切快捷方便,精密铸造铝合金手柄并镶嵌红色防滑硅胶。

③使用范围为树木修剪、果树修剪、花卉修剪。

④不能修剪超过20毫米粗的树枝。

⑤每次使用完保持剪刀的清洁干净,特别是刀片。

4.促进插穗生根的方法

(1)机械处理　对枝条木栓组织较发达的植物,较难发根的品种,插前先将表皮木栓层剥去,加强插穗吸水能力,可促进发根。有些品种可以用刀在插穗基部刻 2~3 厘米长的伤口,直达韧皮部,促进生根。

(2)黄化处理　在要进行扦插的部位用锡纸进行包裹,经过一段时间后,枝条褪绿,再将这个材料割取下来,晾干后扦插。

(3)水浸处理　春季将贮藏的枝条从沟中取出后,先在室内用清水浸泡 6~8 小时,然后进行剪截。

5.促进插穗生根物质

(1)药剂处理　有吲哚乙酸、吲哚丁酸、萘乙酸等。在浓度为 25~100 毫克/千克药剂中,浸泡 12~24 小时或 2 000~5 000 毫克/千克溶液中速浸 3~5 秒,都能有效地促进枝条生根。

(2)用维生素 B_{12}　将维生素 B_{12} 的针剂加 1 倍凉开水稀释,将插条基部浸入其中,约 5 分钟后取出,稍晾一会儿待药液吸进后,扦插。

(3)用高锰酸钾处理插条　将插条基部 2 厘米浸入 0.1%~0.5% 的高锰酸钾溶液中,浸泡 12~24 小时后取出,立即扦插。高锰酸钾具有强氧化性,注意用药安全。

(4)生根粉的使用　配制浓度为 25~100 毫克/千克。浸渍时间 2~8 小时。

（5）用蔗糖溶液处理插条　蔗糖溶液对木本花卉和草本花卉都有效果,使用浓度为 5‰～10‰,浸渍 10～24 小时,然后用清水进行冲洗,再进行扦插有较好的效果。

【注意事项】

①用百菌清或甲基托布津 600～800 倍液对扦插基质进行消毒杀菌。

②基质消毒注意安全。

第二节　扦插育苗技术

【工作内容】

1. 扦插繁殖

扦插繁殖即取植株营养器官的一部分,插入疏松润湿的土壤或细沙中,利用其再生能力,使之生根抽枝,成为新植株。按取用器官的不同,又有枝插、根插、芽插和叶插之分。扦插时期,因植物的种类和性质而异,一般草本植物对于插条繁殖的适应性较大;除冬季严寒或夏季干旱地区不能行露地扦插外,凡温暖地带及有温室或温床设备条件者,四季都可以扦插。木本植物的扦插时期,又可根据落叶树和常绿树而决定,一般分休眠期插和生长期插 2 类。扦插植物包括葡萄、月季、黄杨树、空心菜等植物。

2. 插条的选择

作为采条母体的植株,要求具备品种优良,生长健旺,无病虫危害等条件,生长衰老的植株不宜选作采条母体。在同一植株上,插材要选择中上部,向阳充实的枝条,如葡萄扦插枝条一般是选择节距适合,芽头饱满,枝干粗壮的枝条。在同一枝条上,硬枝插选用枝条的中下部,因为中下部贮藏的养分较多,而梢部组织常不充实。但树形规则的针叶树,如龙柏、雪松等,则以带顶芽的梢部为好,以后长出的扦插树干通直,形态美观,带踵扦插,剪去过分细嫩的顶部,而菊花等在扦插时,使用的却正是嫩头。

3. 叶插

叶插是将叶片分切成数段分别扦插。如龙舌兰科的虎尾兰属种类,可将壮实的叶片截成 7～10 厘米的小段,略干燥后将下端插入基质。用于能自叶上生长不定根的种类,一般仅用于少数无明显主茎、不能进行枝插的种类,或一时需大量繁殖而又缺乏材料时才用。叶插要求有良好的设备以保障温湿度,否则在发根时容易造成萎蔫。

叶插通常在温室内进行。如秋海棠类扦插有 2 种方法:一是整片叶扦插,切取叶片后剪去叶柄及叶缘薄嫩部分以减少水分蒸发,在叶脉交叉处用刀切断,将叶片平铺于基质上,然后用少量沙子铺压叶面上,使叶片紧贴基质。这样操作可以让叶片不断吸收水分,以后在切口处会长出不定根,然后发育成小苗。二是可以把叶片切成三角形小片,每片应包含一段叶脉,然后直插入基质中,在叶脉基部也可以发根长芽。

4.嫩枝扦插

嫩枝扦插是利用未木质化或半木质化的枝条进行扦插繁殖的方法。适用的种类最多，凡是柱状、鞭状、带状和长球形的种类，都可以将茎切成5～10厘米的小段，待切口干燥后插入基质，插时注意上下不可颠倒。葡萄科的方茎青紫葛和菊科的仙人笔等，其茎分节，可按节截取插穗。

5.硬枝扦插

硬枝扦插是利用充分成熟完全木质化的一年生或二年生枝条作为插穗。枝条已经进入休眠期，枝条内所含的营养物质最为丰富，细胞液浓度最高，呼吸作用微弱，更易维持插穗的水分代谢平衡，有利于在扦插过程中愈伤组织形成和分化形成根原基，产生不定根。成熟良好的一年生枝，枝条粗壮，节间短，生长充实，髓部较小，芽眼饱满，无病虫害。采集的插条每根剪留6～10节，并剪除卷须和果穗梗，按50～100根捆成1捆，作为硬枝扦插的材料。

6.根插

有些不易用茎扦插繁殖而其根能长出不定芽的种类，可以用根插。适用的种类最少，只有掌类中的翅子掌和百合科的截形十二卷、毛汉十二卷等。可将其粗壮的肉质根用利刀切下，大部分埋入沙中，顶部仅露出0.5厘米，有时也能成功地长出新株，但成功率不高。根插具有极性现象，注意不能颠倒。

　　根插法可分为下述 3 种情况:一是细嫩根类,将根切成长 3~5 厘米,散布于插床的基质上,再覆一层基质。二是肉质根类,将根截成 3~5 厘米的插穗,插于沙内,上端比基质稍高。三是粗壮根类,大多数灌木类的根较粗壮,可直接在露地进行根插,插穗一般 10~20 厘米,横埋于土中,深约 5 厘米。

　　7.插条处理

　　用生根粉处理插条。可用 ABT 生根粉将一年生嫩枝基部浸泡 0.5~1 小时,取出后立即插入基质中。ABT 生根粉适用于大量的花木扦插,其生根效果优于用萘乙酸和吲哚丁酸。

　　8.扦插后管理

　　扦插后要加强管理,为插条创造良好的生根条件,一般插条生根要求基质既湿润又空气流通,注意保持温度和湿度。扦插成活后,应早选留一个壮梢其余都抹掉。等苗长 3~4 片叶时喷施尿素,促进苗木生长。灌水可以提高土壤湿度,增加插条活性,有利于伤口愈合,提高成活率。以后根据插条生根的快慢,逐步加强光照。

　　9.全光照喷雾扦插方法

　　插穗在自动喷雾装置的保护下,在全光照的插床上进行扦插育苗的方法。适用于扦插带叶的插穗。具有简单易行、适应性强、生根期短、成活率高、出苗快和省时省力等优点,现已开始在生产上推广使用。

　　扦插基质具有疏松、透气、排水良好的特性，可以大大减少插穗的腐烂。通过间隙喷雾方法使叶面保持一层水膜，经常喷雾能提高叶片周围的空气湿度在90％以上，减少插穗体内水分的损耗。充分利用光照进行光合作用。制造糖类供给插穗生根的需要，加速伤口愈合和促进生根。

　　用砖在地上砌一个面积任意大小的苗床，为操作方便宽度以不超过1.5米为宜，长度不限，里面铺上30厘米左右厚的蛭石、珍珠岩或黄沙等作为介质，床底交错平铺两层砖以利于排水，苗床上设立喷雾装置，即在苗床上空约1米高处，安装好与苗床平行的若干纵横自来水管。水管上再安装农用喷雾器的喷头。根据喷头射程的远近，决定喷头的间距和安装数目。每只喷头喷雾面积约为2.5米^2。喷出的雾粒愈细愈好。在扦插前2～3天打开喷头喷雾，让介质充分淋洗，以降低砻糠灰、珍珠岩等介质的碱性，同时使其下沉紧实，然后按常规扦插要求进行扦插。

　　扦插完后，就进入到插后的喷雾管理阶段。一般晴天要不间断地喷雾，阴天时喷时停，雨天和晚上完全停喷。在全光照喷雾育苗的条件下，插条伤口愈合需30～40天，长出根系约需60天。一般插条上部叶芽萌动，表示下部已开始生根；待插条地上部长出1～2对叶片，以手轻提插条感觉有力时，表示根系生长已经比较完整，可以移苗上盆，或移进大田内继续培育。

10.水插法

水插法就是用水作为基质进行扦插,有些种类的植物枝条柔软,像夹竹桃、橡皮树、栀子花等在扦插时可以使用水插繁殖。将插穗插于有孔的轻质物体上,像苯板,让插穗浮在水面,一半在水上,一半在水下。注意要经常换水,保持水的清洁。也可以在水中放置木炭,吸附水中的杂质,防止水中生长绿藻。植物生根后,要及时移栽,否则在水中过久,根系生长细弱脆嫩,易受损害。

【注意事项】

1.药剂处理

用吲哚乙酸、吲哚丁酸、萘乙酸等。浓度为 $25\sim100$ 毫克/千克药剂中,浸泡 $12\sim24$ 小时或 $2\,000\sim5\,000$ 毫克/千克溶液中速浸 $3\sim5$ 秒,都有效地促进枝条生根。

2.用维生素 B_{12}

将维生素 B_{12} 的针剂用加 1 倍凉开水稀释,将插条基部浸入其中,约 5 分钟后取出,稍晾一会儿待药液吸进后进行扦插。

【问题处理】

用高锰酸钾处理插条。将插条基部 2 厘米浸入 $0.1\%\sim0.5\%$ 的高锰酸钾溶液中,浸泡 $12\sim24$ 小时后取出,立即扦插。高锰酸钾具有强氧化性,注意用药安全。

【考核评分】

硬枝扦插考核评分见表 4-1,嫩枝扦插考核评分见表 4-2。

表 4-1　硬枝扦插考核评分

姓名　　　　　　　　　　　　　　　　　班级

序号	考核内容	分值	得分	备注
1	插条的选择：选择一二年生枝条，2～4 个饱满芽	5		
2	插条的处理：将插条剪成 15～25 厘米，切口平滑，上切口剪成平口，距上部芽 1 厘米，下切口在节下 0.2～0.5 厘米，剪斜口	10		
3	生根剂的配制：天平的使用，量筒的使用	10		
4	基质的处理：河沙过筛、消毒。消毒方法：高温消毒。插床的铺设：插床高 8 厘米。插床温度：20～23℃	5		
5	扦插方向。间距：行距 20～30 厘米，株距 10～20 厘米。扦插深度：插穗长度的 1/3～1/2	10		
6	管理：遮阳，浇水次数和浇水量，消毒 0.01% 多菌灵，施肥 0.1% 磷酸二氢钾	10		

考核教师：

表 4-2　嫩枝扦插考核评分

姓名　　　　　　　　　　　　　　　　　　　　班级

序号	考核内容	分值	得分	备注
1	插条的选择:选择半木质化生枝条,2~4 个饱满芽	5		
2	插条的处理:将插条剪成 5~12 厘米,切口平滑,上切口剪成平口,距上部芽 1 厘米,下切口在节下 0.1~0.3 厘米,剪斜口。保留叶片	10		
3	生根剂的配制:天平的使用,量筒的使用	10		
4	基质的处理:河沙过筛、消毒。消毒方法:高温消毒。插床的铺设:插床高 8 厘米。插床温度 20~23℃	5		
5	扦插方向。间距:行距 20~30 厘米,株距 10~20 厘米,扦插深度:插穗长度的 1/3~1/2	10		
6	管理:遮阳,浇水次数和浇水量,消毒 0.01% 多菌灵,施肥 0.1%磷酸二氢钾	10		

考核教师:

第三节 葡萄扦插育苗技术

葡萄叶对生,叶卵圆形,显著 3～5 浅裂或中裂,长 7～18 厘米,宽 6～16 厘米。中裂片顶端急尖,裂片常靠合,裂缺狭窄,间或宽阔,基部深心形,基缺凹成圆形,两侧常靠合,边缘有 22～27 个锯齿,齿深而粗大,不整齐,齿端急尖,上面绿色,下面浅绿色,无毛或被疏柔毛。基生脉 5 出,中脉有侧脉 4～5 对,网脉不明显突出。葡萄苗见图 4-1。

图 4-1 葡萄苗

葡萄叶柄长 4～9 厘米,托叶早落。圆锥花序密集或疏散,多花,与叶对生,基部分枝发达,长 10～20 厘米,花序梗长 2～4 厘米,几乎无毛或疏生蛛丝状绒毛。

葡萄花梗长 1.5～2.5 毫米,无毛;花蕾倒卵圆形,高 2～

3毫米,顶端近圆形;萼浅碟形,边缘呈波状,外面无毛;花瓣5,呈帽状黏合脱落;雄蕊5,花丝丝状,长0.6～1毫米,花药黄色,卵圆形,长0.4～0.8毫米,在雌花内显著短而败育或完全退化;花盘发达,5浅裂;雌蕊1,在雄花中完全退化,子房卵圆形,花柱短,柱头扩大。

葡萄果实球形或椭圆形,直径1.5～2厘米;种子倒卵椭圆形,顶短近圆形,基部有短喙,种脐在种子背面中部呈椭圆形,种脊微突出,腹面中棱脊突起,两侧洼穴宽沟状,向上达种子1/4处。花期4—5月份,果期8—9月份。颜色有紫色,白色等。

【工作内容】

1.葡萄苗的培育

生产上常采用贝达葡萄硬枝扦插方法。

(1)采集插条及贮藏　一般结合冬季修剪(9月下旬至10月份),选取插条。硬枝插条的要求是:成熟良好的一年生枝,枝条粗壮,节间短,生长充实,髓部较小,芽眼饱满,无病虫害。采集的插条每根剪留6～10节,并剪除卷须和果穗梗,按50～100根捆成1捆,然后进行沟藏。贮藏地点应选在地势较高,排水较好的向阳背风地。贮藏沟一般深80～100厘米,宽120～130厘米,沟长按插条数而定。最底层放10厘米厚的湿沙(湿度一般50%～60%),然后把插条放平,放沙一边填土,一边晃动插条,使湿沙土掉入插条的缝隙中,使每根插条空隙充满沙土。上面再盖一层30～40厘米厚的沙土。插条用沙土埋好后,再覆盖20厘米厚的土,高出地面即可。

(2)插条剪截 插条出窖(一般2月下旬至3月份)后,要进行分级挑选,选择芽壮、没有霉烂和损伤的插条,扦插前剪成2个芽1根的插条。上端离顶芽1~2厘米处平剪,下端在基部节下0.5厘米以内斜剪。剪完的砧木插条应按长短和粗细分别进行捆绑,一般100~200根,基部对齐,有利于催根等处理。

(3)插条催根处理 插条催根前要用清水浸泡12~24小时,使插条充分吸收水分,然后通过药剂或加热处理进行催根。

2. 整地覆膜

葡萄育苗应选择地势平坦,土壤肥沃无病虫害的沙壤土,具备灌溉条件,交通方便。早春整地前每亩施腐熟的有机肥3~4米^3,均匀撒在地表,然后全面旋地,保证土壤细碎不结块,再做畦覆膜。

3. 扦插

当10厘米深的地温稳定在10℃时(沈阳地区4月上旬,南方可以适当提早),即可扦插。扦插要根据株距8~10厘米,进行长条斜插,短条垂直插,芽眼朝南向最佳,深度以芽眼距地膜1厘米左右为宜。扦插后及时灌一次透水。

4. 插条管理

扦插成活后,应早选留一个壮梢,其余都抹掉。等苗长3~4片叶时喷施尿素,促进苗木生长。可以对30~35厘米高度的新梢进行摘心,并将下部3~4片叶腋内的副梢全部去掉。对沙壤土扦插 7 天左右要灌水,黏土应提前 2～3 天灌水。灌水可以提高土壤湿度,增加插条活性,有利于伤口愈合,提高成活率。

【注意事项】

①药剂处理有吲哚乙酸、吲哚丁酸、萘乙酸等。浓度为 25～100 毫克/千克的药剂中,浸泡 12～24 小时或 2 000～5 000 毫克/千克溶液中速浸 3～5 秒,都能有效地促进枝条生根。

②注意药剂的浓度和浸泡时间。

【问题处理】

电热温床催根是目前常用的催根方法。整个系统由电热线、自动控温仪、感温头及电源配套组成。布好电热线后,铺 5 厘米左右湿沙,然后摆放经过药剂处理的插条,成捆或单根放置均可。注意插条直立摆放,基部齐平,中间空隙用湿沙充满,保证插条基部湿润不风干。插条在摆放好后,将电热线两端接在控温仪上,感温头插在床内深达插条基部,然后通电。注意催根温度控制在 25～28℃,一般经 11～14 天,插条基部产生愈伤组织,发生小白根。并在扦插前 2～3 天断电,达到锻炼插条的目的。催根过程中,应注意插条基部沙的湿度,要小水勤浇。床上应注意遮光,防止床表面温度升高,芽眼先萌发,影响插条扦插成活率。

【考核评分】

硬枝扦插考核评分见表 4-3,嫩枝扦插考核评分见表 4-4。

表 4-3　硬枝扦插考核评分

姓名　　　　　　　　　　班级

序号	考核内容	分值	得分	备注
1	插条的选择：选择一二年生枝条，2～4 个饱满芽	5		
2	插条的处理：将插条剪成 15～25 厘米，切口平滑，上切口剪成平口，距上部芽 1 厘米，下切口在节下 0.2～0.5 厘米，剪斜口	10		
3	生根剂的配制：天平的使用，量筒的使用	10		
4	基质的处理：河沙过筛、消毒。消毒方法：高温消毒。插床的铺设：插床高 8 厘米。插床温度 20～23℃	5		
5	扦插方向。间距：行距 20～30 厘米，株距 10～20 厘米，扦插深度：插穗长度的 1/3～1/2	10		
6	管理：遮阳，浇水次数和浇水量，消毒 0.01％多菌灵，施肥 0.1％磷酸二氢钾	10		

考核教师：

表 4-4　嫩枝扦插考核表

姓名　　　　　　　　　　　　班级

序号	考核内容	分值	得分	备注
1	插条的选择:选择半木质化生枝条,2~4 个饱满芽	5		
2	插条的处理:将插条剪成 5~12 厘米,切口平滑,上切口剪成平口,距上部芽 1 厘米,下切口在节下 0.1~0.3 厘米,剪斜口。保留叶片	10		
3	生根剂的配制:天平的使用,量筒的使用	10		
4	基质的处理:河沙过筛、消毒。消毒方法:高温消毒。插床的铺设:插床高 8 厘米。插床温度:20~23℃	5		
5	扦插方向。间距:行距 20~30 厘米,株距 10~20 厘米,扦插深度:插穗长度的 1/3~1/2	10		
6	管理:遮阳,浇水次数和浇水量,消毒 0.01% 多菌灵,施肥 0.1% 磷酸二氢钾	10		

考核教师:

第四节　扦插苗木病虫害防治

【工作内容】

1. 霜霉病

主要危害叶片，有时在新梢和浆果上发现。真叶染病，叶缘或叶背面初生水浸状圆形小病斑，然后逐渐失绿，变为黄褐色病斑；病斑扩展受叶脉限制，呈多角形，叶背产生一层灰白色霉斑。此病在气温 20～24℃，高湿度和寄主体表有水湿的条件下易发生，发病后在 2～3 周内就大批落叶，使枝蔓不能成熟。

防治措施：①去掉近地面不必要的枝蔓，保持通风透光良好，雨季注意排水，减少园地湿度，防止积水。②发现病叶等摘除深埋，秋季结合冬剪清扫园地，烧毁枯枝落叶。③发病前每半个月喷一次 200 倍半量式波尔多液，共喷 4～5 次，可控制此病。发现病叶后喷 40％乙膦铝可湿性粉剂 200～300 倍液，或 25％瑞毒霉（甲霜灵）可湿性粉剂 1 000～1 500倍液，这是防治霜霉病的特效药。还可以喷 58％甲霜锰锌可湿性粉剂 600 倍液，或 75％百菌清可湿性粉剂 500 倍液，这些药剂应轮换使用。

2. 白粉病

叶片、新梢和浆果都能被害。叶片被害时，先在叶面上产生淡黄色小霉斑，以后逐渐扩大成灰白色，上生白粉状的霉层，有时产生小黑粒点。白粉斑下叶表面呈褐色花斑，严重时病叶卷曲枯死;浆果受害后在果面上覆盖一层白粉,白粉下呈褐色芒状花纹。

防治措施:①及时摘除病果、病叶和腐梢深埋。②改善通风透光条件。③发芽前喷 3～5 波美度石硫合剂,生长期喷 0.1～0.2 波美度石硫合剂,高湿炎热天气要在傍晚喷药,避免发生药害。④发病初期可喷 25％粉锈宁可湿性粉剂 1 500～2 000 倍液,或喷碳酸氢钠溶液 0.2％～0.5％加 0.1％肥皂水(50 千克水加 100～250 克碳酸氢钠,加 50 克肥皂),先用少量热水溶解肥皂,再加入配好的碱液内。这些药剂对防治白粉病都有良好效果。

3. 黑斑病

属于真菌病害,主要借风雨传播,多雨、多雾、多露天气有利于孢子萌发,故易于发病。昼暖夜凉、温差大,叶子上有水滴时,适合孢子萌发侵入,用 50％的多菌灵可湿性粉剂 500～1 000 倍液喷洒防治。黑斑病主要为害叶片,起初于下部叶片上出现褐色小斑点后扩展为黑褐色圆形或不规则形病斑,病斑周围有褪绿色晕圈;湿度大时出现小黑点,严重时病斑融合成片,致整个叶片变黄或变黑干枯。一般在夏季多雨时易发病。

防治措施:实行轮作倒茬,忌重茬;提倡春栽,春插菊花比夏插的发病轻;发病初期开始喷洒 50％多菌灵 500 倍液、75％代森锰锌 600 倍液或 50％扑海因 800 倍液等药剂,隔 10～15 天一次,视病情防治 3～4 次。

4. 介壳虫

主要有日本龟蜡蚧、褐软蚧、吹绵蚧、糠片盾蚧等,其危害特点是刺吸植株嫩茎、幼叶的汁液,导致植株生长不良,主要是由温室内通风不良、光线欠佳所诱发。

防治措施:可于其若虫孵化盛期,采用浇灌或根埋呋喃丹等药剂,或用 25% 的扑虱灵可湿性粉剂 2 000 倍液喷杀。

5. 蚜虫

主要为棉蚜、桃蚜等,它们刺吸植株幼嫩器官的汁液,为害嫩茎、幼叶、花蕾等,严重影响到植株的生长和开花。

防治措施:及时用 10% 的吡虫啉可湿性粉剂 1 000～1 500 倍液喷杀。

6. 红蜘蛛

在东北年生约 12 代,以成螨、若螨群集于叶背刺吸汁液危害,并结成丝网。每一雌螨可产卵 50～120 粒,高温干旱季节发生猖獗,常导致叶片正面出现大量密集的小白点,叶片泛黄、带枯斑。

防治措施:对红蜘蛛在初期进行防治,用 40% 氧化乐果 1 000 倍液或 50% 马拉硫磷乳油 1 000 倍液,隔 7 天喷 1 次,连喷 2 次。或者用 1.8% 的阿维菌素乳油 3 000～4 000 倍液防治。

【注意事项】

植物病虫害的防治应遵循"综合防治"的原则,以药剂防治为辅助措施,尽量采取农业防治、生物防治和物理防治方法,减少农药对环境的污染。

【问题处理】

农药在长期使用过程中会产生抗药现象，即病菌或害虫对某种杀菌剂或杀虫剂产生抵抗力，具备耐药性。因此，药剂防治时建议各种药剂轮换使用，如果低浓度的药液能够消灭病虫害，就不要使用高浓度。化学药剂防治害虫在主要为害世代中使用。

第五节　　月季扦插育苗技术

月季花是直立灌木，高1～2米；小枝粗壮，圆柱形，近无毛，有短粗的钩状皮刺。小叶3～5片，稀7片，连叶柄长5～11厘米，小叶片宽卵形至卵状长圆形，长2.5～6厘米，宽1～3厘米，先端长渐尖或渐尖，基部近圆形或宽楔形，边缘有锐锯齿，两面近无毛，上面暗绿色，常带光泽，下面颜色较浅，顶生小叶片有柄，侧生小叶片近无柄，总叶柄较长，有散生皮刺和腺毛；托叶大部贴生于叶柄，仅顶端分离部分呈耳状，边缘常有腺毛。

花几朵集生，稀单生，直径4～5厘米；花梗长2.5～6厘米，近无毛或有腺毛，萼片卵形，先端尾状渐尖，有时呈叶状，边缘常有羽状裂片，稀全缘，外面无毛，内面密被长柔毛；花瓣重瓣至半重瓣，红色、粉红色至白色，倒卵形，先端有凹缺，基部楔形；花柱离生，伸出萼筒口外，约与雄蕊等长。果卵球形或梨形，长1～2厘米，红色，萼片脱落。花期4—9月份，果期6—11月份。

【工作内容】

1. 月季苗的培育

生产上常采用月季硬枝扦插方法。

(1)整地　月季育苗应选择地势平坦,土壤肥沃无病虫害的沙壤土,具备灌溉条件,交通方便。早春整地前每亩施腐熟的有机肥 3～4 米³ 均匀撒在地表,然后全面旋地,保证土壤细碎不结块,再做畦覆膜。

(2)采集插条及贮藏　成熟良好的一年生枝,枝条粗壮,生长充实,髓部较小,芽眼饱满,无病虫害。采集的插条每根剪留 10 厘米左右,其上保留 3～4 个腋芽。不留叶片或仅保留顶部 1～2 片叶片。插穗上端剪成平口,下端剪成斜口,剪口距腋芽 1 厘米。剪口要平滑,以便形成愈伤组织。

(3)插条催根处理　用 50％酒精和萘乙酸配成 500 毫克/千克溶液,将插穗下端 2 厘米浸入该溶液中 2～5 秒,待药液稍干后,立即插入苗床。

2. 扦插与插条管理

(1)扦插　当 10 厘米深的地温稳定在 10℃时,即可扦插。扦插要根据株距 4～5 厘米,进行长条直插,芽眼朝南向最佳,深度以芽眼距地面 1 厘米左右为宜。扦插后及时灌一次透水。

(2)插条管理　扦插成活后,应早选留一个壮梢,其余都抹掉。等苗长 3～4 片叶时喷施尿素,促进苗木生长。嫁接前 2～4 天要对 30～35 厘米高度的新梢进行摘心,并将下部 3～4 片叶腋内的副梢全部去掉。对沙壤土扦插前一天要灌水,黏土应提前 2～3 天灌水。灌水可以提高土壤湿度,增加插条活性,有利于嫁接苗伤口愈合,提高嫁接成活率。

　　3.秋季扦插

　　秋季正是月季扦插的好时机,此时又正当月季在生长季节里,用嫩枝扦插时,保护母叶、防止脱落很重要。因为母叶这时承担着插条成活过程中形成愈伤组织、产生不定根及腋芽萌条发叶所需养料供应的任务。所以,保证母叶不脱落,尤其对秋季嫩枝扦插更重要。必须注意的是,一定不能从有病害的母株上剪取插条,而且苗床和介质都要严格消毒杀菌,并能及早见光,做好苗床通风,确保提高月季扦插成活率。

【注意事项】

　　①药剂处理有吲哚乙酸、吲哚丁酸、萘乙酸等。浓度为 25～100 毫克/千克药剂中,浸泡 12～24 小时或 2 000～5 000 毫克/千克溶液中速浸 3～5 秒,都能有效地促进枝条生根。

　　②注意药剂的浓度和浸泡时间。

【问题处理】

　　当月季扦插 5～10 天,插条上腋芽已萌动或抽条发叶,看上去已经活了,可不久又萎蔫而死亡。要想避免月季扦插"假活"现象的出现,首先在选插条时,不能选择已有萌动芽的枝做插条。其次要想月季插条能先生根以后再发叶,除了要掌握好适宜的温度和湿度外,还要特别注意的是,使扦插苗床介质的温度比空气温度高 1～2℃,这样可以调节插条内部的营养向下端转移,先供下部生根需要,可促使其先生根后发叶。

【考核评分】

月季扦插评分见表 4-5。

表 4-5 月季扦插考核表(嫩枝扦插)

姓名　　　　　　　班级

序号	考核内容	分值	得分	备注
1	插条的选择:选择半木质化生枝条,2～4 个饱满芽	5		
2	插条的处理将插条剪成 5～12 厘米,切口平滑,上切口剪成平口,距上部芽 1 厘米,下切口在节下 0.1～0.3 厘米,剪斜口。保留叶片	10		
3	生根剂的配制:天平的使用,量筒的使用	10		
4	基质的处理:河沙过筛、消毒。消毒方法:高温消毒。插床的铺设:插床高 8 厘米。插床温度:20～23℃	5		
5	扦插方向。间距:行距 20～30 厘米,株距 10～20 厘米。扦插深度:插穗长度的 1/3～1/2	10		
6	管理:遮阳,浇水次数和浇水量,消毒 0.01% 多菌灵,施肥 0.1% 磷酸二氢钾	10		

考核教师:

第六节　菊花扦插育苗技术

菊花为多年生草本,高 60～150 厘米。茎直立,分枝或不分枝,被柔毛。叶互生,有短柄,叶片卵形至披针形,长 5～15 厘米,羽状浅裂或半裂,基部楔形,下面被白色短柔毛,边缘有粗大锯齿或深裂,基部楔形,有柄。

头状花序单生或数个集生于茎枝顶端,直径 2.5～20 厘米,大小不一,单个或数个集生于茎枝顶端,因品种不同,差别很大。总苞片多层,外层绿色,条形,边缘膜质,外面被柔毛;舌状花白色、红色、紫色或黄色。花色则有红色、黄色、白色、橙色、紫色、粉红色、暗红色等,培育的品种极多,头状花序多变化,形色各异,形状因品种而有单瓣、平瓣、匙瓣等多种类型,当中为管状花,常全部特化成各式舌状花;花期 9—11 月份。雄蕊、雌蕊和果实多不发育。

菊花为多年生宿根亚灌木。繁殖苗的茎分为地上茎和地下茎两部分。地上茎高 0.2～2 米,多分枝。幼茎色嫩绿或带褐色,被灰色柔毛或绒毛。花后茎大都枯死。次年春季由地下茎发生蘖芽。菊花叶系单叶互生,叶柄长 1～2 厘米,柄下两侧有托叶或退化,叶卵形至长圆形,边缘有缺刻及锯齿。叶的形态因品种而异,可分正叶、深刻正叶、长叶、深刻长叶、圆叶、葵叶、蓬叶和船叶等 8 类。菊花的花(头状花序),生于枝顶,直径 2～30 厘米,花序外由绿色苞片构成花苞。花序上着两种形式的花:一为筒状花,俗称"花心",花冠

连成筒状，为两性花，中心生一雌蕊，柱头 2 裂，子房下位
1 室，围绕花柱 5 枚聚药雄蕊；另一为舌状花，生于花序边缘，
俗称"花瓣"，花内雄蕊退化，雌蕊 1 枚。舌状花多形大色艳，
形状分平、匙、管、桂、畸等 5 类。瘦果（一般称为"种子"）长
1～3 毫米，宽 0.9～1.2 毫米，上端稍尖，呈扁平楔形，表面有
纵棱纹，褐色，果内结一粒无胚乳的种子，果实翌年 1—2 月
份成熟，千粒重约 1 克。

　　菊花品种具有极大多样性，分类工作者们探讨菊花的原
祖，或认为野菊是菊花的原始祖先，或认为甘菊是原祖，或认
为小红菊是原祖，或者开出一系列的可能的原祖名单。中国
科学工作者有的还进行过属间杂交实验，在探讨菊花真源方
面做了一些推测性和实验性工作。无论推测和实验，都是试
图把菊花的来源落实于该属的某一个或某两个种上，并且试
图指出，在这些浩瀚的品种中，哪一个品种最为原始，即是
说，想找出最原始的菊花品种。

　　可以肯定，菊花的来源是多方面的，是多元而不是单元
起源。菊花是异花受粉植物。人们在长期的实践过程中，运
用种间，甚至属间杂交的办法，来获取菊花的新性状，并通过
反交、互交等有性过程来获得新性状的分离。这样如此反复
的遗传重组合和性状的分离，新性状就越来越多。在这个过
程中，有意识的人工杂交和随机的自然选择都可以同时出现
或交替发生。但是，去劣择优的人工选择过程，却永远起着
主导作用。菊花染色体极其有限。仅记录到菊花是 6 倍体，
$2n = 54$。菊花新品种产生的另一个可能的途径是体细胞的

突变,用固定芽变的办法来获得新品种。

【工作内容】

1. 菊花插条的选择、插穗的剪取

选 10 天前经杀虫杀菌、叶面补充营养的无病虫害带顶梢完整的菊花枝条,用剪刀按 8～10 厘米剪取备用。

用单面刀切取带顶梢 6～8 厘米,修剪掉下部叶片,保留顶部一片正叶作菊花扦插的插穗。

将插穗基部 0.5～1 厘米浸入浓度为 1 000～2 000 毫克/千克生根粉 1～3 分钟备用。

2. 菊花扦插基质的选择和处理

选干净的珍珠岩、蛭石、泥炭、河沙。基质配方按 50% 蛭石＋30% 泥炭(过筛)＋10% 珍珠岩＋10% 河沙进行混合。用百菌清或甲基托布津 600～800 倍液对扦插基质进行消毒杀菌。

3. 扦插

选用 72 孔育苗穴盘将处理好的介质装入盘内,装满后轻轻把穴盘振动,稍加压实,确保每穴介质饱满,然后用木板刮平即可。

将处理好的菊花插穗插入穴盘,用扦插棍打孔将插穗直立插入 1 厘米左右。

在育苗棚下将插好菊花的穴盘按每排 2 盘整齐横放,然后用细孔洒水壶浇足水。

4. 管理

对扦插后的菊花苗进行浇水、遮光、叶面肥的调节管理,保证菊苗的伤口正常愈合和生根成苗。

【注意事项】

①用百菌清或甲基托布津600～800倍液对扦插基质进行消毒杀菌。

②注意药剂的浓度和浸泡时间。

【问题处理】

将插穗基部0.5～1厘米浸入浓度为1 000～2 000毫克/千克生根粉1～3分钟备用。

【考核评分】

菊花扦插考核评分见表4-6。

表4-6　菊花扦插考核评分(嫩枝扦插)

姓名　　　　　　　　　班级

序号	考核内容	分值	得分	备注
1	插条的枝条,2～4个饱满芽	5		
2	插条的处理:将插条剪成5～12厘米,切口平滑,上切口剪成平口,距上部芽1厘米,下切口在节下0.1～0.3厘米,剪斜口。保留叶片	10		
3	生根剂的配制:天平的使用,量筒的使用	10		
4	基质的处理:河沙过筛、消毒。消毒方法:高温消毒。插床的铺设:插床高8厘米。插床温度:20～23℃	5		

续表 4-6

序号	考核内容	分值	得分	备注
5	扦插方向。间距:行距 20～30 厘米,株距 10～20 厘米。扦插深度:插穗长度的 1/3～1/2	10		
6	管理:遮阳,浇水次数和浇水量,消毒 0.01% 多菌灵,施肥 0.1% 磷酸二氢钾	10		

考核教师:

复习思考题

1. 扦插都有哪些方法?

2. 促进插穗生根的方法有哪些?

3. 简述全光照喷雾扦插方法。

4. 葡萄硬枝扦插的插条怎样处理?

5. 葡萄硬枝扦插应注意哪些问题?

6. 扦插苗病虫害都有哪些?

7. 扦插苗病虫害防治都有哪些方法?

8. 月季扦插注意事项有哪些?

9. 菊花的扦插怎样操作?

10. 怎样处理月季扦插"假活"现象?

第五章　营养钵育苗技术

知识目标　理解育苗容器和基质。

　　　　　理解各种环境因子对育苗的影响。

　　　　　掌握营养钵育苗技术。

能力目标　掌握营养钵基质的配制方法。

　　　　　掌握基质消毒方法。

　　　　　能对苗期环境进行调控。

　　　　　掌握营养钵育苗技术。

第一节　营养钵育苗的设施设备

【工作内容】

1. 育苗钵(图 5-1)

用于番茄、黄瓜等果菜类早熟栽培蔬菜的育苗钵,直径一般为 8～10 厘米,高 6～10 厘米;用于白菜等叶菜类蔬菜的育苗钵,直径一般为 5 厘米,高 4～5 厘米;林木苗钵的直径一般为 5～10 厘米,高 8～20 厘米。

2. 营养土配方

草炭土：山皮土：马粪：蛭石：河沙＝3：2：3：1：1;将所需要的基质过筛,按照配方比例进行混配。

图 5-1　营养钵

3.基质消毒

把营养土放在蒸锅里蒸,上汽后蒸 30 分钟,可杀灭所有病虫害及杂草种子,晾凉后使用。

4.营养钵消毒

首先彻底清洗营养钵,然后使用较为安全的季铵盐类消毒剂喷施,经过彻底清洗并消毒的营养钵亦可以重复使用。

【注意事项】

①对于基质应考虑来源,及时进行消毒处理,消毒时应注意安全。

②育苗容器在使用后,应及时消毒,消毒用的药剂要注意使用浓度和使用量,注意安全,防止中毒。

【问题处理】

　　1.营养钵消毒方法

　　经过彻底清洗并消毒的营养钵,亦可以重复使用,可以使用较为安全的季铵盐类消毒剂,也可以用于灌溉系统的杀菌除藻,避免其中细菌和青苔滋生。不建议用漂白粉或氯气进行消毒,因为氯会与穴盘中的塑料发生化学反应产生有毒的物质。

　　2.基质消毒方法

　　每立方米播种土壤用50%多菌灵可湿性粉剂40克,或65%代森锌可湿性粉剂60克,与土拌匀后用塑料薄膜覆盖2～3天后,揭去塑料薄膜,药味挥发后使用。也可用开水消毒或用0.1%高锰酸钾溶液消毒。

第二节　营养钵育苗技术

【工作内容】

　　1.基质准备

　　营养土配方为草炭土∶山皮土∶马粪∶蛭石∶河沙＝3∶2∶3∶1∶1,将所需要的基质过筛,按照配方比例进行混配。

　　2.营养土消毒

　　按每立方米营养土壤用50%多菌灵可湿性粉剂40克称量农药,然后与土拌匀后用塑料薄膜覆盖2～3天后,揭去塑料薄膜,药味挥发后使用。配制0.1%高锰酸钾溶液,然后用

0.1%高锰酸钾溶液消毒。

3. 营养钵装填

用配制好的营养土填装营养钵。

4. 播种

在播种时把药土铺在种子下面和盖在上面进行消毒能有效地抑制猝倒病的发生。每平方米苗床用 25%甲霜灵可湿性粉 9 克加 70%代森锰锌可湿性粉 1 克。加入过筛的细土 4～5 千克,充分拌匀。浇水后,先将要使用的 1/3 药土撒匀,接着每个营养钵播 1 粒种子,播种后将剩余的 2/3 的药土撒在种子上面,用药量必须严格控制。上述药量对有些花卉种类的出苗和籽苗生长也可明显看出有一定的抑制作用,如鸡冠花。但随着苗的生长抑制作用变小。也可用市场出售的其他一些杀土壤病菌的药剂如此防治。

5. 覆土

也可以用过筛的细土,覆盖种子。

6. 出苗

子叶露出,一直到真叶显现。

7. 苗期管理

种子发芽需 21～23℃,温度低于 15℃很难发芽,20℃以下发芽不整齐。幼苗期在冬季以 7～13℃为宜,3—6 月份生长期以 13～18℃最好,温度超过 30℃,植株生长发育受阻,花、叶变小。因此,夏季高温期,需降温或适当遮阳,来控制生长。长期在 5℃低温下,易受冻害。室内育苗的设法提高地温到 20℃以上,播种时浇水要适量,播种密度不宜过大,出苗后充分见光。对容易得猝倒病的种类或缺乏育苗经验的可条播,种子不是特别小的点播。籽苗太密又不能分苗的应适当间苗。发现有病的苗后及时剔除,并用药物治疗。发病后马上分苗,能非常有效地防止病害蔓延,分苗时认真剔除病苗。

播种后 4～5 天幼苗开始出土,70％幼苗出土后应及时揭掉覆盖物,防止徒长苗形成,保证幼苗正常生长。出苗前尽可能不浇水,以防表面土壤板结;浇水较多易诱发猝倒病,需尽早预防。

子叶出土后到真叶破心期,在子叶出土后立即降低地温和气温,地温降到 18℃ 左右,白天气温 20～25℃,夜间气温 15℃ 左右。白天尽量增加光照,使子叶快速绿化。

幼苗期,要使营养钵保持较高的温度,以利于发根缓苗。白天气温 25～28℃,夜间不低于 15℃,地温 20℃,一般不要放风。如果是冬季育苗,要经常保持覆盖物的清洁,草帘尽量早揭晚盖,日照时数控制在 8 小时左右。阴天也要正常揭盖草帘,尽量增加光照的时间。

幼苗中期,幼苗新叶变嫩,心叶伸长,应放风逐渐降温。白天气温可维持在 20～25℃,夜间控制在 10～15℃,地温不低于 18℃。为了使秧苗生长一致,在这期间,把小苗放在温度较高的地方,把大苗放在温度较低的地方,称之为"倒苗"。

8. 炼苗

炼苗也叫蹲苗,一般在定植前 7～10 天进行。

①白天逐步加大通风量,逐步揭除覆盖物,保持 18～

20℃;夜间停止加温,夜温保持 5～8℃,以适应外界环境条件。

②适当控制水分,以增加秧苗干物质含量,提高植株的抗逆能力。

③促发新根。定植前 3～4 天,夜间不再盖覆盖物,使秧苗逐步适应露地环境;施 1 次肥水,促发新根,利于定植后成活。

【注意事项】

"带帽"出土是指子叶带种皮出土的一种现象,出土时种子的两个种皮夹住子叶,使子叶不易张开。它对籽苗的生长影响很大。原因是种子上面覆土太薄,细土的重力不足以脱去种壳,另外将种子垂直播种在土壤中也容易发生这种现象,葫芦科的种子、百日草、小丽花、蜀葵、观赏辣椒、乳茄等种子都容易"带帽"出土。看见有"带帽"出土的马上覆盖细土;如已长高了不宜再覆土,早晨用喷雾器喷雾,使种皮湿润后用手轻轻地脱去。

【问题处理】

籽苗出土后很快死掉了一部分或者全部。死苗主要有以下原因:猝倒病、立枯病导致死苗;地下害虫咬食根系,或蝼蛄、蚯蚓等在土壤中活动造成纵横交错的隧道,使根系脱离土壤;农家肥在温室内迅速发酵产生的有害气体和煤烟达到一定浓度时能熏死幼苗;在育苗的土壤里或水里误混入除草剂,使用过除草剂的工具没清除干净又用来浇水;土壤里的肥太多或没发酵,尤其禽粪太多或没发酵容易导致死苗。

第三节 辣椒营养钵育苗技术

【工作内容】

1.营养土的配制

营养土的配方为草炭土∶山皮土∶马粪∶蛭石∶河沙=3∶2∶3∶1∶1,将所需要的基质过筛,按照配方比例进行混配。

2.育苗器的消毒

对于多次使用的育苗器具(育苗盘和营养钵),在育苗前应对其消毒。用0.1%高锰酸钾溶液喷淋或浸泡育苗器具。

3.装土

选择地势较高,排水较好的地块做苗床,床面要平整。选用8厘米×8厘米的营养钵,装土时营养土表面要距离钵沿2～3厘米,以便浇水时能储存一定水分。将营养钵整齐地摆放在苗床上,相互挨紧,钵与钵之间不要留空隙,以防浇水时冲倒营养钵。

4.播种方法

种子在播种前首先进行选种,用筛子或盐水选出颗粒大、成熟度好的种子。

(1)浸种催芽 浸种多采用温汤浸种,方法是将50～60℃的热水放在干净、没有油渍的容器中,再将种子慢慢倒入,随倒随搅,并随时补充热水。保持55℃水温10分钟之后,加入少许冷水,搓洗干净后捞出放在25～30℃的清水中继续浸种 4～5 小时。温汤浸种不仅能促进种皮吸水,还具有杀菌防病的作用。但一定要注意掌握好水温和时间,并不停搅动,否则会烫伤种子,影响发芽。

将浸种后的种子捞出,用干净纱布包好,控去多余水分,放到催芽箱或温室内,在温度 28℃左右催芽,每隔 5～6 小时翻动一次,使种子里外温度均匀,经过 24 小时后种子开始萌动。将刚萌动的种子放在 0～2℃的低温下 10～12 小时,进行低温处理(以提高秧苗的抗寒质量),再放到 20～25℃条件下继续催芽,经 1～2 天种子均可发芽。

(2)播种　播种时把准备好的基质调试好 pH,装入育苗盘压实铺平,基质表面离营养钵边约 1 厘米,不要装得太满。基质装完后随之浇水,使含水量达到饱和程度。播种时每钵 1 粒种子,种子平放在营养钵中心,播种后覆盖土 1 厘米左右。

盖土后立即用地膜(冬季)或遮阳网(夏季)覆盖营养钵,保湿保温。

5.播种后的管理

播种后 4～5 天幼苗开始出土,70％幼苗出土后应及时揭掉覆盖物,防止徒长苗形成,保证幼苗正常生长。出苗前尽可能不浇水,以防表面土壤板结;浇水较多易诱发猝倒病,需尽早预防。

子叶出土后到真叶破心期,在子叶出土后立即降低地温和气温,地温降到 18℃左右,白天气温 20～25℃,夜间气温 15℃左右。白天尽量增加光照,使子叶快速绿化,如果白天弱光加上夜间高温,不仅加剧徒长,而且容易导致猝倒病的发生和蔓延。

幼苗期,要使营养钵保持较高的温度,以利于发根缓苗。白天气温 25~28℃,夜间不低于 15℃,地温 20℃,一般不要放风。如果是冬季育苗,要经常保持覆盖物的清洁,草帘尽量早揭晚盖,日照时数控制在 8 小时左右。阴天也要正常揭盖草帘,尽量增加光照的时间。

幼苗中期,幼苗新叶变嫩,心叶伸长,应放风逐渐降温。白天气温可维持在 20~25℃,夜间控制在 10~15℃,地温不低于 18℃。为了使秧苗生长一致,在这期间,把小苗放在温度较高的地方,把大苗放在温度较低的地方,称之为"倒苗"。

肥水管理:营养土配制时施入的肥料充足,整个育苗期可不用肥料,如果发现幼苗叶片颜色变浅,出现缺肥症状时,可喷施质量有保证的磷酸二氢钾 1 000 倍液。

苗期要防干旱,保持营养土见干见湿,若缺水就要及时浇透水。发现病害及时喷药,为防止幼苗徒长,可在 2~3 片真叶时叶面喷洒 0.1%~0.2%的矮壮素或 0.15%~0.2%的多效唑溶液 2~3 次。

苗龄 55~60 天,6~7 片真叶时即可定植。

6.病害防治

每次上午施完肥后,下午可以打农药,打药时温度要在 30℃以下,打药以预防为主。

苗期的病害有猝倒病、立枯病、早疫病、灰霉病、晚疫病、根腐病、叶斑病等。

(1)猝倒病 在小苗期1~2片真叶时最易受害,致病微生物是真菌。病株茎部近地面处开始呈水渍状,以后褪绿变黄,患病部位收缩变细而引起倒苗,发病时往往秧苗成片折倒。环境潮湿时,病苗及附近土面产生明显的白色棉毛状菌丝。病菌随病株残体在土壤中或腐殖质中腐生过冬,可以在土壤中长期存在。在15~16℃的温度环境中病菌繁殖较快,但地温较低时也能生存、致病。育苗床温度低(10℃左右)、湿度大(相对湿度90%以上)、秧苗拥挤、光照弱时容易发病。

(2)立枯病 病原菌属真菌。幼苗发病时,茎接近地面处出现椭圆形褐色病斑,病部软化收缩变细后折倒,病苗根部腐烂。较大的秧苗发病后,初期白天萎蔫,夜晚恢复,经过一段时间全株枯萎,即使病苗不死亡,结果也少,产量低。

在温暖湿润的环境里,病苗及其附近的土面产生少量淡褐色菌丝,内有褐色大小不等的菌核。菌丝和菌核在病株残体和土壤中过冬传播。病原菌发育的最适温度是18~27℃,一般可在土壤中生存2~3年。病菌从伤口或直接从表皮侵入幼苗的茎部和根部,引起发病。在湿度大、通风不良的苗床中容易发病。

(3)早疫病(轮纹病) 秧苗常在接近地面的茎部开始发病,发病初期,茎部颜色褪绿,后来呈黑褐色棱形病斑,病情严重时,秧苗茎部布满黑褐色病斑。叶上病斑初为针状大小,扩大后近圆形,褐色,边缘深褐色,有明显的同心轮纹。潮湿环境中,在病斑上面产生黑色绒毛状霉层,病原菌为真菌。

病菌主要随病株残体在土壤中越冬传播,种子也可带菌传播。棚室气温 15℃左右,相对湿度 80％以上即可发病;温度 20～25℃,苗床内通气透光不良,移苗时损伤茎部,遇多雨天气,叶面结露病情迅速发展。

(4)晚疫病　整个生育期内都可以感病,主要为害叶片、茎秆、花蕾和青果。一般从中下部开始发病,叶片从叶缘开始发病,出现暗绿色水渍状不规则斑点,病健部交界不明显,病斑由叶片向主茎发展,造成主茎变细呈现黑褐色。病原菌是疫霉菌,以卵孢子和厚垣孢子以及菌丝体在病残体、土壤中越冬。孢子萌发最适温度 18～22℃,高湿是病害快速蔓延的重要条件。晚疫病有时与番茄灰霉病一起混发。

(5)灰霉病　苗期及整个生长期都可能发病。苗期发病时,病菌先在子叶尖端及嫩梢部分侵入,进而扩展到茎部,出现褐色或暗褐色病斑,呈水渍状腐烂。

灰霉病是由葡萄孢霉真菌传染引起的,在环境潮湿时,病苗上能看到灰色菌丝和霉层,菌丝能结成粒状菌核。病菌以分生孢子或菌核,在温室、大棚的架条、草帘子等上过冬,条件适宜时由分生孢子飞散传播。适宜灰霉病发病的温度为 15～20℃,当温度合适、叶面有水滴存在的条件下,病菌孢子萌发产生芽管,侵染生长较弱的幼苗,生长健壮的幼苗发病率降低。

(6)各种病害防治方法

猝倒病和立枯病:25％甲霜灵可湿性粉剂 800 倍液,70％代森锰锌可湿性粉剂 500 倍液等,每 7～10 天喷 1 次,连续 2～3 次。

叶斑病:百菌清 500 倍液,代森锰锌 500～800 倍液、甲基托布津 800 倍液。

早疫病(轮纹病):番茄秧苗 4～5 片真叶以后,容易徒长发病,要及时喷药保护。可喷洒 0.2%～0.25%石灰等量式波尔多液,或 80%代森锌 700～800 倍液,每 7～10 天喷药 1 次,连续喷洒 2～3 次。

灰霉病:注意苗期通风排湿,保持覆盖清洁,增加透光率;及时清除病株,用 50%速克灵可湿性粉剂 1 200 倍于发病初期喷雾,7～10 天喷 1 次,共喷 2～3 次。若棚内湿度大或阴雨天时,改用速克灵烟雾剂熏棚,即可收到理想效果。也可以用 50%扑海因可湿性粉剂 800 倍液或 70%甲基托布津 1 500～2 000 倍液喷雾防护。

沤根:由于长时间低温、多湿和光照不足造成的苗期生理病害,育苗的各种蔬菜如茄果类、瓜类蔬菜都可能发生。地温持续较长时间低于 12℃,浇水过量、床土过湿、连续阴雨、苗床通风不良等均能引起发病。沤根的症状是不发新根,根皮发锈腐烂,地上部萎蔫,苗易拔起,叶缘枯焦。有效防治措施是育苗期间防止土温偏低,注意通风排湿。如已发生沤根,应进行松土,提高地温至 16℃左右,暂停浇水,促进尽快发生新根。

7. 虫害防治

苗期的虫害有白粉虱、蚜虫、斑潜蝇、蝼蛄、蛴螬。

(1)蛴螬　蛴螬是金龟子的幼虫。头部红褐色或黄褐色,胸腹部乳白色,表面多皱纹,有 3 对胸足,身体常弯曲成"C"形,能在被害植物根旁的土中找到。蛴螬在床土内取食萌发的种子,咬断幼苗的根和茎,断口整齐。虫咬的伤口易引起病菌侵入,诱发病害。蛴螬在土温 5℃以下停止活动,开始越冬;春秋季温床内 10 厘米土壤温度 23～30℃,土壤含水量为 15%～20%时活动频繁,危害就重;土壤干燥时它向较深土层移动,危害暂停。

(2)蝼蛄　成虫体褐色,全身密布细毛。前足为开掘足,前翅较短,后翅较长。若虫初孵化时体乳白色,伴随成长,头胸部及足变成褐色,腹部淡黄色,体形似成虫。

蝼蛄的成虫和若虫在床土中咬食刚播下的种子,或把幼苗嫩茎咬断,或将茎的基部咬成乱麻状,造成幼苗凋萎或发育不良。由于蝼蛄在土壤里活动造成空洞,常使秧苗的根部与土壤分离,造成秧苗失水干枯死亡。蝼蛄在土温 8℃以上开始活动,12～26℃为活动盛期;温暖湿润,多腐殖质的壤土或沙壤土,以及用堆过肥或垃圾的地方作为苗床基地,蝼蛄较多,秧苗受害也重。

(3)蚜虫　往往密集在嫩叶背面或嫩梢上吸食汁液,使叶皱缩发黄,秧苗矮小,生长停滞,还能传播病毒病。以春季发生较多,但冬季若温暖,蚜虫也会从十字花科菜田,迁飞到苗床内危害,最适繁殖温度是 16～22℃,气候干旱蚜虫危害严重;经常通气,苗床内温度较低,相对湿度在 75%以上,蚜虫发生少。

(4)斑潜蝇　别名蔬菜斑潜蝇,在全国设施蔬菜种植基地均有发生。幼虫孵化后潜食叶肉,呈曲折蜿蜒的食痕,苗期 2~7 叶受害多,严重的潜痕密布,致叶片发黄、枯焦或脱落。虫道的终端不明显变宽,这是该虫与南美斑潜蝇、美洲斑潜蝇相区别的一个特征。危害葫芦科、十字花科等蔬菜。嗜食番茄、瓜类、莴苣和豆类,是高杂食性害虫。

幼虫蛆状,初孵无色,渐变黄橙色,老熟幼虫长约 3 毫米;斑潜蝇在北方地区不能自然越冬,但可在加温或日光温室内繁殖为害,并为春季大棚和露地蔬菜提供虫源。从春到秋发生数量逐渐上升,在保护地果菜栽培,一旦斑潜蝇传入,常可造成严重危害。

(5)温室白粉虱　主要为害区在北方。瓜类、茄果类、豆类等蔬菜和草莓受害最重。成、若虫群集叶背吸食汁液,分泌蜜露诱发煤污病,被害叶片褪绿、变黄,植株生长衰弱甚至萎蔫死亡,还可传播某些植物病毒病。

白粉虱在温室条件下一年可发生 10 余代,有世代重叠现象。在北方露地冬季寒冷和寄主植物枯死的情况下不能存活。各虫态在温室的蔬菜、花卉上持续繁殖为害,无滞育或休眠现象。

(6)虫害防治

①物理防治。保护地内使用黄色粘板诱杀蚜虫、白粉虱、斑潜蝇等成虫。

②生物防治。释放姬小蜂、潜蝇茧蜂等寄生蜂,这两种寄生蜂对斑潜蝇寄生率较高。

③化学防治。

蚜虫和白粉虱:吡虫啉 1 000 倍液,或用 25％稻虱净兑水 1 500 倍液防治,防治白粉虱还可以用 25％灭螨猛可湿性粉剂 1 000 倍液。

斑潜蝇:加强检疫,虫害发生时用 48％乐斯本乳油 800～1 000 倍液、高效氯氰菊酯 1 000～1 500 倍液、75％拉维因粉剂 3 000 倍液,或 1.8％爱福丁乳油 2 000 倍液在发生高峰期 5～7 天喷 1 次,连续防治 2～3 次。

蝼蛄:毒饵诱杀,方法是将豆饼、棉仁饼或麦麸 5 千克炒香,用 90％敌百虫或 50％辛硫磷乳油 150 克兑水 30 倍液拌匀。结合播种,亩用毒饵 1.5～2 千克撒入苗床,并能兼治蛴螬。

8.炼苗

炼苗在定植前 7～10 天进行。

①白天逐步加大通风量,逐步揭除覆盖物,保持 18～20℃;夜间停止加温,夜温保持 5～8℃,以适应外界环境条件。

②适当控制水分,以增加秧苗干物质含量,提高植株的抗逆能力。

③促发新根。定植前 3～4 天,夜间不再盖覆盖物,使秧苗逐步适应露地环境;施 1 次肥水,促发新根,利于定植后成活。

9.壮苗标准

从外观形态看,茎短粗,节间短,苗高不超过 20～25 厘米,茎上茸毛多,呈深绿带紫色,具有 7～9 片真叶,已能看到第一花穗的花蕾。

　　叶色深绿且有光泽,叶片厚实,茸毛多,叶舒展,呈手掌状,根系发达,侧根数量多,呈白色;全株发育平衡,无病虫害。

　　10.秧苗生长发育特点

　　辣椒生产上的苗期是指从播种到定植,通常分为 3 个时期。

　　从种子吸水萌动到第一片真叶出现(露心)为发芽期。发芽期的顺利完成主要取决于温度、湿度、通气等条件及播种覆土厚度。这一时期种子吸水萌发要求的温度是 25～30℃,含氧量在 10％以上。

　　从真叶露心至 2～3 片真叶展开(开始花芽分化)为基本营养生长期。种子发芽后,最初根系生长占较大优势,秧苗一般平均每 4～5 天展开 1 片真叶。子叶与展开的真叶所形成的一种激素——成花激素,对花芽分化有明显的促进作用,因此,子叶、真叶的大小直接影响花芽分化的数目及质量。所以,培育肥厚、深绿色的子叶及较大的一二片真叶面积是培育壮苗不可忽视的基础。

　　花芽开始分化至现蕾(定植)为秧苗迅速生长期。这一时期营养生长与生殖生长同时进行,主要还是根、茎、叶营养生长,而且叶面积和株幅扩大较迅速。

第四节　西葫芦营养钵育苗技术

西葫芦的生长期最适宜温度为 20～25℃,15℃以下生长缓慢,8℃以下停止生长,30℃以上生长缓慢并极易发生疾病。种子发芽适宜温度为 25～30℃,13℃可以发芽,但很缓慢;30～35℃发芽最快,但易引起徒长。开花结果期需要较高温度,一般保持 22～25℃最佳。早熟品种耐低温能力更强。根系生长的最低温度为 6℃,根毛发生的最低温度为 12℃。夜温 8～10℃时受精果实可正常发育。

光照强度要求适中,较能耐弱光,但光照不足时易引起徒长。光周期方面属短日照植物,长日照条件下有利于茎叶生长,短日照条件下结瓜期较早。

【工作内容】

1.种子处理

选品质好、产量高、抗病性强的品种。

浸种前一天晒种 2 小时(早上 9:00—10:00 或16:00—17:00)。

温汤浸种:先用 55℃(如果没有温度计可用 2 份开水,1 份冷水混合即可)的恒温热水浸种 10～15 分钟以杀菌消毒,浸泡时要不断地搅拌。当水温降至 30℃时,浸种 12 小时。出水后冲洗干净,然后把种子的表皮晾干或用干毛巾把种皮擦干。

2.催芽

恒温箱催芽法:托盘底部铺一层湿毛巾或湿纱布,把处理过的种子铺在上面,种子厚度不要超过 3 厘米,上面再盖一层湿布,然后放入恒温箱,温度调到 25℃左右即可。种子放入恒温箱后,每天用温水清洗种子和垫盖湿纱布 1 次,以免烂种。3～4 天后种子开始出芽,然后将温度调到 23℃左右,以免胚根徒长。当胚根达 0.5 厘米左右时,即可进行播种。

3.育苗设施与设备

育苗的设施与设备一般有:玻璃温室、塑料大棚、中小拱棚、电热温床、加温加光设备及育苗营养钵等。育苗钵多为直径 8 厘米、10 厘米育苗钵。

4.营养土的配制及消毒

草炭土:山皮土:马粪:蛭石:河沙＝3:2:3:1:1,将所需要的基质过筛,按照配方比例进行混配。

(1)甲醛(福尔马林)消毒　配好营养土,每 1 000 千克营养土用 40%甲醛 200～300 毫升,加水 25～30 千克喷洒,充分搅拌后堆起来,上面覆盖塑料薄膜或湿草帘,密闭 2～3 天灭菌杀虫,翻开营养土堆,摊晾 7 天,使甲醛彻底挥发后即可过筛、装杯。该消毒法主要用于防治猝倒病及菌核病。

(2)高温消毒　在日本、美国、德国等国家育苗的床土普遍应用高温蒸汽消毒法。消毒时在床土上面覆盖塑料薄膜,通入 100℃的高温水蒸气,把土壤加热到 60～80℃,经 15～30 分钟,对猝倒病、立枯病、枯萎病等多种病虫害有防治作用。

5.播种

(1)苗床选择和育苗设施与设备　苗床应选在距定植地较近、背风向阳、地势稍高的地方。冬春季采用大棚或简易竹木中棚加小拱棚保温育苗。夏秋季育苗,出苗前用遮阳网覆盖保湿,出苗后用防虫网搭防雨棚,防止大雨冲刷。

为了保护幼苗的根系,须将营养土装入8厘米×8厘米(钵高×上口径)的塑料育苗营养钵内。装钵时,应使营养土充实,避免松散。营养土装杯时不装满,上部留0.5厘米,方便浇水,也可防止病苗感染邻株。

(2)播种时间　各地应根据各自的栽培制度选好播种期,以便培育出适龄壮苗。一般大田露地栽培的在1月中旬至5月上旬播种。

(3)播种方法　春季育苗应选晴暖天气播种,夏秋季育苗宜选阴天或早晚进行播种,播种前一天将营养钵淋透水。播种时种子平放,芽尖朝下,种子上盖厚1.0厘米已消毒的细土,再淋水。

6.苗期管理

(1)温度管理　出苗前苗床应密闭,温度保持25～32℃,夏季温度过高时覆盖遮阳网降温。出苗后苗床夜温16～18℃,日温22～28℃,有利于培育壮苗。移苗定植前7天进行炼苗,以适应大田气候。

(2)水肥管理　注意控制苗床湿度,在底水浇足的基础上尽可能少浇水。小苗出土后应保持苗床湿润,幼苗露心后保持半干半湿状态对防止瓜苗徒长及控制病害有利。春季育苗期注意苗床通风换气,防止高温高湿,诱发病害。在此期间,可用杀菌剂和杀虫剂喷 1～2 次,以防止苗期病虫害的发生。淋水及喷药应在通风条件下于 10:00—15:00 进行,待叶片水滴干爽后再闭棚。气温≤15℃的阴冷天气,只要叶片不至失水凋萎可不必淋水。夏季育苗,淋水应在上午8:00—9:00 和 16:00—17:00 进行。

追肥次数依据瓜苗长势而定,一般从幼苗露心开始,每隔 5～7 天淋施或喷施 1 次 0.3%尿素加磷酸二氢钾水溶液。

(3)光照管理　幼苗出土后,苗床应尽可能增加光照。

(4)其他管理　幼苗出土时,容易发生带种皮出土的现象,要及时摘除夹在子叶上的种皮。到幼苗长成 3 叶 1 心时即可定植。保护地栽培和露地春夏栽培,一般需要培育较大苗龄的壮苗,标准是具有 6～8 片真叶,茎高 20 厘米左右,茎粗 0.5 厘米左右。

当植株长至定植标准时,应提前 1 周左右进行炼苗。所谓炼苗就是对幼苗进行适度的低温、控水处理,目的是增强幼苗对定植栽培田不良环境的适应性。实践证明,幼苗经锻炼后体内干物质、糖、蛋白质含量增加,细胞液浓度增加,茎叶表皮增厚,角质和蜡质增多,叶色变浓,茎变坚韧,增强了幼苗的抗寒、抗旱、抗风能力。炼苗的主要措施是降温控水,并加大育苗棚的通风量,在天气晴朗的早上揭开塑料大棚两旁的薄膜或打开温室旁边的玻璃窗,以达到通风、降温、排湿的效果,达到炼苗的目的。在定植前 1 天应把苗床淋透水,以提高幼苗移植于大田的成活率。

　　7. 壮苗标准

　　从外观形态看，茎短粗，节间短，苗高不超过 10～15 厘米，茎上茸毛多，呈深绿带紫色，具有 7～9 片真叶。

　　叶色深绿且有光泽，叶片厚实，茸毛多，叶舒展，根系发达，侧根数量多，呈白色；全株发育平衡，无病虫害。

第五节　甜瓜营养钵育苗技术

　　甜瓜是葫芦科甜瓜属一年生蔓性草本植物，叶心脏形或掌形。五花瓣黄色，雌雄同株，雌花为两性花包含雄蕊和雌蕊，雄花为单性只有雄蕊。瓜呈球、卵、椭圆或扁圆形，皮色黄、白、绿或杂有各种斑纹。果肉绿、白、赤红或橙黄色，肉质脆或绵软，味香而甜。性喜高温、干燥和充足的阳光。辽宁地区普遍利用温室和大棚进行早熟栽培。

　　果实的形状、颜色因品种而异，有香味，果皮平滑，种子污白色。广泛栽培于温带至热带地区；我国各地栽培。品种繁多，果实变化较大，可分为数个变种，而园艺上可归属于数个品系，其中菜瓜、哈密瓜和白兰瓜也各属于不同的变种或者品系。果实作为水果或蔬菜；瓜蒂和种子药用。

　　建立苗床应选背风向阳，地势高燥，交通排灌方便，近几年未种过瓜类作物的地方，床畦宽 1.5 米左右，长 5～10 米，挖 15～20 厘米深的床基，床土以备打制营养钵。

【工作内容】

1.制作营养钵

营养土一般用草炭土、山皮土和腐熟的有机肥按 3∶5∶2 配制而成,忌用菜园土或种过瓜类作物的土壤,要疏松肥沃、保水保肥、无病菌虫卵和杂草种子。用聚氯乙烯或聚乙烯压制而成的塑料钵,容器上口直径不应小于 10 厘米,高 10 厘米,底部有孔。将配制好的营养土先装准备好的营养钵的 2/3 左右捣实,再将剩余部分装满,装好后钵内营养土用 40% 代森锰锌 1 000 倍液浇透,摆放在苗床内以备播种。

2.浸种催芽

(1)温汤浸种　先用 55℃ 恒温热水浸种 10～15 分钟以杀菌消毒,浸泡时要不断地搅拌。当水温降至 30℃ 时,浸种 8 小时,有利于种子吸水。出水后冲洗干净,然后把种子的表皮晾干或用干毛巾把种皮擦干,催芽。

种子捞出渗干后用干净无油污的湿布包好,每包不宜过大。包好后放在温度 30℃ 左右条件下催芽,经 2～3 天种子 70% 发芽,芽长 1 厘米左右时可以播种。催芽期间要用清水淘洗 1～2 次,以满足发芽对水分和氧气的需要。

(2)催芽方法　在瓦缸或铁桶内铺 2 层湿布,把处理过的种子铺在上面,种子厚度不要超过 3 厘米,上面再盖一层湿布,上面挂一盏 40～60 瓦的电灯泡,日夜加温,缸口或桶口用薄膜密封,以保持恒温环境。放一温度计于瓦缸或铁桶内,使温度保持在 28～33℃。催芽时应每天早晚检查,看缸内温度低则增加灯泡,如果温度偏高就改用低功率的灯泡。

种子干燥时应喷 25～30℃ 的温水,使种子保持湿润。

3. 播种

播种前一天将营养钵浇透,播种时在营养钵中间扎 1 厘米深的小孔,再将催好芽的种子平放在营养钵上,胚根向下放入孔内,随播种随覆盖 1.5～2 厘米厚的细土。覆土后盖好地膜,提高地温,促进出苗。

4. 苗床管理

(1)温度　甜瓜出苗前温度保持 25～30℃,夜晚加盖草苫保温。出苗后至第一片真叶出现前,温度保持在 20～25℃。第一片真叶展开后,温度应保持 25～30℃,定植前一周保持在 20～25℃。

(2)湿度　前期要严格控制湿度,在底水浇足的基础上,尽可能不浇水或少浇水,以免降低床温和增加湿度。后期随通风量的增加,可在晴天上午用喷壶适当补水。

(3)通风和光照　通风时要看苗、看天。开始小放,逐渐大放,低温时不放,高温时大放。一般在上午 9:00—10:00,在背风一边支一小口,然后逐渐增大,下午减小,16:00—17:00 封严。在温度适合情况下,草苫要早揭晚盖,并轻轻拍掉塑料薄膜内壁上的水珠,提高透光度,尽量增加光照。

(4)病害　猝倒病是苗期主要病害,在气温低、土壤湿度大时发病严重,该病菌在 15～16℃ 时繁殖较快,遇阴天或寒流侵袭时发生相当普遍。可用苗菌敌 20 克掺细干土 15 千克撒于苗床防治或用 50% 多菌灵 600 倍液、甲基托布津 1 000 倍液喷雾防治。在真叶期喷洒绿亨一号,防病效果明显。

(5)适龄壮苗标准 子叶及真叶宽大而厚实,叶色浓绿,叶片上密布茸毛,并有白色的蜡质层;下胚轴粗壮,叶柄较短且粗壮;根系发达,侧根多;具有 4～5 片展开叶。一般育苗期为 35～40 天。据此根据栽培方式与定植期来确定育苗播种期。

【注意事项】

①甜瓜幼苗期节间易伸长,应注意防徒长。

②出苗后检查营养钵内土的软硬程度,不要让营养土发干变硬,一般每 3 天浇 1 次透水。结合浇水,观察幼苗营养状态,可用 0.1%～0.3%尿素或磷酸二氢钾溶液叶面追肥。

第六节 紫叶生菜营养钵育苗技术

紫叶生菜对环境条件的要求如下。

(1)温度 生菜是半耐寒性蔬菜,喜冷凉,忌高温,种子在 4℃以上开始发芽,发芽适温 18～20℃,超过 25℃发芽不良,苗期生长适温 16～20℃,莲座期适宜温度 18～22℃,结球期适温 20～22℃。

(2)光照 高温长日照会加速其抽薹开花,但高温作用更为重要,光照弱也不利于叶球紧实生长,所以在温室中种植不宜过密。

(3)水分 整个生育期要求有均匀充足的水分,但中后期灌水要谨慎，不能过湿或过干后灌大水，以免叶球崩裂。

（4）土壤 以有机质丰富的沙壤土和轻壤土最为适宜。要施充足的充分腐熟的有机肥。

【工作内容】

1. 基质准备

草炭土：山皮土：马粪：蛭石：河沙＝3：2：3：1：1，将所需要的基质过筛，按照配方比例进行混配。

2. 营养土消毒

配制 0.1% 高锰酸钾溶液，然后用 0.1% 高锰酸钾溶液消毒。

3. 营养钵装填

用配制好的营养土填装营养钵。

4. 播种

在播种时把药土铺在种子下面和盖在上面进行消毒能有效地抑制猝倒病的发生。每平方米苗床用 25% 甲霜灵可湿性粉 9 克加 70% 代森锰锌可湿性粉 1 克。加入过筛的细土 4～5 千克，充分拌匀。浇水后，先将要使用的 1/3 药土撒匀，接着每个营养钵播 1 粒种子，播种后将剩余的 2/3 药土撒在种子上面，用药量必须严格控制。

5. 覆土

种子上面覆盖 1 厘米左右药土。

6. 出苗

子叶露出，一直到真叶显现。

7. 苗期管理

室内育苗的设法提高地温到 20℃左右；播种时浇水要适量；播种密度不宜过大，出苗后充分见光。种子点播。发现有病的苗后及时剔除，并用药物治疗。控制地温 15～18℃，土壤水分适中控制。成苗时氮肥不宜过多。定植前 5～7 天降温，大通风，适度控水炼苗。

8. 病虫害防治

（1）苗期病害　主要有猝倒病、立枯病、黑斑病、根腐病等。

采用苗菌敌药剂防治猝倒病和立枯病。

根腐病：幼苗根部和根茎浅褐色至深褐色腐烂，后期多呈糟朽状，其维管束变褐色，但不向上发展，有别于枯萎病。初发病时菜苗中午萎蔫，后因不能恢复而枯死。当苗床连茬，床土潮湿，局部积水，施用未腐熟的肥料，地下害虫或农事作业造成伤根等情况时，病害发生重。防治方法：用 75% 敌克松可湿性粉剂 800 倍液，或 10% 双效灵水剂 200～300 倍液喷洒苗床。

（2）苗期虫害　主要有蚜虫。

蚜虫：主要为万寿菊管蚜、桃蚜等。防治方法：及时用 10% 的吡虫啉可湿性粉剂 1 000～1 500 倍液喷杀。

【注意事项】

育苗容器和基质在使用后，应及时消毒，消毒用的药剂注意使用浓度和使用量，注意安全，防止中毒。

【问题处理】

出苗不整齐主要有两种情况,一是苗床上有的地方出苗多,有的地方出苗少,原因是浇水不匀或播种不匀,或在电热温床上放育苗钵时,靠近电热温床四周的开始出苗少,里侧的出苗多,只要将育苗盘旋转 180°就可以解决。二是出苗时间不一致,断断续续地出苗,先出苗的都开始现真叶了,后出苗的才拱土,这是由于种子的发芽势不好,如新陈种子混在一起,或种子的成熟度不一样造成的。个别的花卉种子本身也有出苗不整齐的特性。

复习思考题

1. 怎样进行辣椒播种?
2. 辣椒苗期的病虫害种类有哪些? 如何防治?
3. 怎样进行西葫芦种子浸种催芽?
4. 西葫芦秧苗锻炼有哪些作用?
5. 辣椒的壮苗标准有哪些?
6. 通常采取什么措施进行炼苗?
7. 甜瓜育苗注意哪些问题?

第六章　组织培养育苗技术

知识目标　了解组织培养育苗的设施设备。

　　　　　理解各种环境因子对组织培养苗的影响。

　　　　　掌握组织培养育苗技术。

能力目标　掌握组织培养育苗的设施设备。

　　　　　掌握组织培养基的制备和消毒方法。

　　　　　能对组织培养苗期环境进行调控。

　　　　　掌握组织培养育苗的育苗技术。

工作流程:洗涤→培养基准备→培养基消毒→接种→培

　　　　　养→苗期管理。

第一节　组织培养育苗的设施设备

【工作内容】

1. 化学实验室

化学实验室用作组织培养时所需用具的洗涤、干燥、保存,药品的称量、溶解、配制,培养基的配制和分装,高压锅灭菌,实验材料的预处理等操作都在实验室进行。需要低温冷藏的药品要保存在冰箱内。室内应装有水槽和排水系统用于玻璃器皿和用具的清洗、实验材料的清洗,化学实验室要求室内干净卫生、整齐,地面要耐湿。

2.接种室

接种室是进行无菌操作的工作室,用于实验材料的接种、培养材料的转接以及组培苗的继代等。要求室内平整便于清洗和消毒,最好采用耐水耐药的装修材料避免药品的腐蚀。室内要定期进行紫外灯照射消毒灭菌,室内有超净工作台用于无菌接种,室内要保持干净清洁。

3.培养室

培养室是人为控制条件下进行植物组织培养育苗的场所。室内有培养架、自动控温系统(恒温,25~27℃)和照明设备(白色荧光灯)。室内要求干净整洁。

4.仪器设备

(1)冰箱　用于药品和实验材料的保存和实验材料的低温处理。

(2)空调　用于保持室内恒温。

(3)培养架　多层的培养架多个,每层装有日光灯(40瓦)2个。用于固体培养基培养。

(4)烘箱　用于烘干玻璃器皿和棉塞。

(5)天平　用于称量蔗糖、琼脂、大量元素、微量元素和激素等实验药品。规格有精确度为0.1克的天平,精确度为0.001克和0.0001克的分析天平。

(6)酸度测定仪　用于培养基的酸碱度测定,便于调节pH。

【注意事项】

①需要低温冷藏的药品应保存在冰箱里。

②部分药品称量时要注意防止直接接触药物,避免受腐蚀或侵害。

③在使用药品时注意自我保护。

【问题处理】

①设备的保养。

②保证好接种室干净无菌,接种前做好紫外灯消毒。

第二节　组织培养育苗技术

1.植物组织培养概念

植物组织培养即植物无菌培养技术,又称离体培养,是根据植物细胞具有全能性的理论,利用植物体离体的器官(如根、茎、叶、茎尖、花、果实等)、组织(如形成层、表皮、皮层、髓部细胞、胚乳等)或细胞(如大孢子、小孢子、体细胞等)以及原生质体,在无菌和适宜的培养基及光照、温度等人工控制的环境条件下,能诱导出愈伤组织、不定芽、不定根,最后形成完整的植株。

植物组织培养的大致过程是:在无菌条件下,将植物器官或组织(如芽、茎尖、根尖或花药)的一部分切下来,用纤维素酶与果胶酶处理用以去掉细胞壁,使之露出原生质体,然后放在适当的人工培养基上进行培养,这些器官或组织就会进行细胞分裂,形成新的组织。不过这种组织没有发生分化,只是一团薄壁细胞,称为愈伤组织。在适合的光照、温度和一定的营养物质与激素等条件下,愈伤组织便开始分化,产生出植物的各种器官和组织,进而发育成一棵完整的植株。

在植物组织培养过程中,由植物体上切取的根、茎、叶、花、果、种子等器官以及各种组织、细胞或原生质体等统称为外植体。通常根据培养目的适当选取植物材料,选择原则是易于诱导、带菌少。要选取植物组织内部无菌的材料。这一方面要从健壮的植株上取材料,不要取有伤口的或有病虫的材料。另一方面要在晴天,最好是中午或下午取材料,不要在雨天、阴天或露水未干时取材料。因为健壮的植株和晴天光合作用、呼吸作用旺盛,组织自身有消毒作用,这种组织一般是无菌的。从外界或室内选取的植物材料,都不同程度地带有各种微生物。这些污染源一旦带入培养基,便会造成培养基污染。因此,植物材料必须经严格的表面灭菌处理,再经无菌操作手续接种到培养基上。

2.植物组织培养的特点

(1)培养材料经济　在生产实践中,由于取材少,培养效果好,对于新品种的推广和良种复壮更新,都有重大的实践意义。

(2)培养条件可以人为控制　组织培养采用的植物材料完全是在人为提供的培养基和小气候环境条件下进行生长,摆脱了大自然中四季、昼夜的变化以及灾害性气候的不利影响,且条件均一,对植物生长极为有利,便于稳定地进行周年培养生产。

（3）生长周期短，繁殖率高　组织培养是由于人为控制培养条件，根据不同植物不同部位的不同要求而提供不同的培养条件，因此生长较快。另外，植株也比较小，往往20～30天为1个周期。植物材料能按几何级数繁殖生产，并且能及时提供规格一致的优质种苗或脱病毒种苗。

（4）管理方便，利于工厂化生产和自动化控制　植物组织培养是在一定的场所和环境下，人为提供一定的温度、光照、湿度、营养、激素等条件，既利于高度集约化和高密度工厂化生产，也利于自动化控制生产。它是未来农业工厂化育苗的发展方向。它与盆栽、田间栽培等相比省去了中耕除草、浇水施肥、防治病虫等一系列繁杂劳动，可以大大节省人力、物力及田间种植所需要的土地。

【工作内容】

1. 玻璃器皿和用具的洗涤

新购置的玻璃器皿用1%的稀盐酸溶液浸泡一夜，然后用肥皂水洗涤，再用清水冲洗，最后用蒸馏水冲净，晾干备用；已用过的玻璃器皿用洗衣粉洗涤，再用清水冲洗，最后蒸馏水冲净，晾干备用（或用烘箱烘干备用）。用具清洗干净后用报纸包好与配制好的培养基一起用高压锅消毒灭菌。

2. 固体培养基的制备

组织培养中常用的一种培养基是 MS 培养基，MS 培养基的配制包括以下步骤。

将大量元素、微量元素、有机化合物类、铁盐（螯合剂）、植物激素配制出母液或药液,并放置在 2～4℃ 中冷藏储存。蔗糖和琼脂随用随取。

根据培养基配方制备出适用于不同培养材料的培养基,在不同配方的培养基中加入蔗糖补充碳源,并用琼脂对培养基进行固化。待培养基加热混匀后用 0.4% NaOH 或稀盐酸溶液调节 pH。分装于三角瓶内,培养液占三角瓶的 1/4～1/3,用棉塞封口再用报纸进行最后封口,对不同配方的培养基进行标记,再放入高压灭菌锅中进行消毒灭菌。灭菌后的培养基取出,放在平整的地方,晾凉备用。

培养基母液的配制和保存:MS 培养基含有近 30 种营养成分,为了避免每次配制培养基都要对这几十种成分进行称量,可将培养基中的各种成分,按原量的 20 倍或 100 倍分别称量,配成浓缩液,这种浓缩液叫作培养基母液。这样每次使用时,取其总量的 1/20(50 毫升)或 1/100(10 毫升),加水稀释,制成培养液。现将制备培养基母液所需的各类物质的含量列出(表 6-1),供配制时使用。

表 6-1　培养基母液成分　　　　　　毫克/升

类别	名称	含量
大量元素(母液Ⅰ)	NH_4NO_3	33 000
	KNO_3	38 000
	$CaCl_2 \cdot 2H_2O$	8 800
	$MgSO_4 \cdot 7H_2O$	7 400
	KH_2PO_4	3 400

续表 6-1

类别		名称	含量
微量元素（母液Ⅱ）		KI	83
		H_3BO_3	620
		$Mn_2SO_4 \cdot 4H_2O$	2230
		$ZnSO_4 \cdot 7H_2O$	860
		$NaMoO_4 \cdot 2H_2O$	25
		$CuSO_4 \cdot 5H_2O$	2.5
		$CoCl_2 \cdot 6H_2O$	2.5
铁盐（母液Ⅲ）		$FeSO_4 \cdot 7H_2O$	2 780
		Na_2-EDTA $\cdot 2H_2O$ 螯合剂	3 730
有机成分（母液Ⅳ）	ⅣA	肌醇	10 000
	ⅣB	烟酸	50
		盐酸吡哆醇（维生素 B_6）	50
		盐酸硫胺素（维生素 B_1）	50
		甘氨酸	200

　　表 6-1 中各种营养成分的用量,除了母液Ⅰ为 20 倍浓缩液外,其余的均为 100 倍浓缩液。

　　上述几种母液都要单独配成 1 升的贮备液。其中,母液Ⅰ、母液Ⅱ及母液Ⅳ的配制方法是:每种母液中的几种成分称量完毕后,分别用少量的蒸馏水彻底溶解,然后再将它们混溶,最后定容到 1 升。

　　母液Ⅲ的配制方法是:将称好的 $FeSO_4 \cdot 7H_2O$ 和 Na_2-EDTA $\cdot 2H_2O$ 分别放到 450 毫升蒸馏水中,边加热边不断搅拌使它们溶解,然后将两种溶液混合,并将 pH 调至 5.5,

最后定容到 1 升,保存在棕色玻璃瓶中。

　　各种母液配完后,分别用棕色玻璃瓶贮存,并且贴上标签,注明母液编号、配制倍数、日期等,保存在冰箱的冷藏室中。

　　3. 实验材料的准备

　　植物材料用流水进行冲洗。

　　4. 接种

　　用酒精棉擦拭超净工作台面,用 70%的酒精擦拭培养皿、镊子、解剖刀(针)并在酒精灯上消毒,晾凉备用。在超净工作台上用酒精、高锰酸钾、升汞对植物材料进行消毒处理。在酒精灯外焰上方进行植物材料的接种,瓶口倾斜,用镊子将植物材料接种在三角瓶内培养基上,塞上棉塞封口,并做好标记。

　　5. 培养

　　将接种上培养材料的三角瓶平放在培养室的培养架上,一般培养室的温度控制在(25±2)℃,光照强度在 2 000 勒克斯,光照时间 12 小时。待三角瓶内没有水汽时,需要进行转接,将原来三角瓶内的实验材料转接到新配制的原配方或新配方的培养基上继续培养。转接同样需要在超净工作台上进行。最后配制适宜组培苗生根的培养基,进行生根培养。

　　6. 炼苗移栽

　　当试管苗生长到 3～5 根后需要在瓶内进行炼苗,在移栽前 3～5 天将三角瓶的瓶口打开,使试管苗逐渐适应外界环境。移栽时用清水洗掉根上的琼脂,再栽入温室中准备好的培养土(消毒后的粗沙、蛭石等)中。在温室内培养20～35天后,再移栽到田间正常生长。

【注意事项】

①配制好的母液和药液要放在冰箱保存。

②部分药品称量时要注意防止直接接触药物,避免受腐蚀或侵害,在使用药品时注意自我保护。

③消毒灭菌后的培养基要放在平整的地方防止液面倾斜。

【问题处理】

①避免污染是植物组织培养获得成功的关键因素之一,防止外植体污染,可进行表面消毒,并且在培养基内添加抗生素防止内部病菌感染,同时工作人员用酒精擦洗双手,穿工作服、戴口罩、戴工作帽等。

②培养过程中要防止褐变,可采用保持较低温度、在培养基中加入抗坏血栓、暗培养等措施来防止褐变。

第三节　兰州百合组织培养育苗技术

兰州百合是多年生的鳞茎类草本植物,是唯一可食用的品系。兰州百合鳞茎大、丰满白嫩,质地细腻,纤维少,营养丰富,口味甜美、无苦味,有很高的药用、食用、保健和观赏价值。兰州百合含有丰富的蛋白质、脂肪和糖类,以及秋水仙碱和百合苷等药用成分、维生素、矿物质元素、氨基酸等,具有很好的营养滋补功效,尤其是对病后体弱以及神经衰弱等大有助益。兰州百合被卫生部确定为食品兼药品的植物。百合可以炒着吃、炖着吃,是很好的蔬菜品种。

【工作内容】

1. 植物生长调节物质的配制

MS 培养基中需加入萘乙酸(NAA)、6-苄氨基嘌呤(6-BA)、赤霉素(GA)、吲哚丁酸(IBA)等植物生长调节物质,并且按照要求的浓度分别配成母液。将 NAA 用少量(1 毫升)无水乙醇预溶,6-BA 用少量(1 毫升)浓度为 0.1 摩尔/升的 NaOH 溶液溶解,溶解过程需要水浴加热,最后分别定容至100 毫升,即得质量浓度为 0.1 毫克/毫升的 NAA 母液和1 毫克/毫升的 6-BA 母液。

2. 配制培养基

①煮琼脂。用天平称取琼脂 8 克,加适量水放在电炉上加热,边加热边用玻璃棒不断搅拌,直至琼脂全部熔化为止。

②从母液中用量筒或移液管取出所需量的大量元素、微量元素、铁盐、维生素及植物激素等,放入烧杯中;将烧杯中的各种物质及糖加入熔化后的琼脂水溶液中,搅拌使其混合均匀,最后加蒸馏水定容至 1 000 毫升,搅拌均匀。

③将培养基的 pH 调为 5.8。

④将配好的培养基用漏斗分装到培养用的已洗净、烘干的三角瓶或罐头瓶内,用棉塞封口再用报纸进行最后密封,最后用橡皮筋勒紧,标上记号。

⑤将分装好的培养基放入高压蒸汽灭菌锅内灭菌。首

先在高压蒸汽灭菌锅内加水直至水位标记,放入培养基后,把锅盖盖严,检查排气阀是否有故障。加热开始后,一直打开放气阀加热至冒出大量热气,以排出锅内的冷气。当高压灭菌锅标记盘上显示(120±1)℃,1.05千克/厘米^{2}压力时,保持此压力灭菌15~20分钟。之后停止加热,使锅内压力慢慢减下来,缓缓打开放气阀,使锅内压力接近于零,这时完全打开放气阀,排出剩余热气,打开锅盖取出培养基。

⑥已灭菌的培养基通常置于冰箱冷藏室中保存。

3.初代培养

(1)接种培养准备。

①外植体准备。将新鲜兰州百合的拨下鳞茎的鳞片,洗去泥土,用流动自来水冲洗2小时,再用蒸馏水洗1~2遍。在超净工作台上采用0.1%升汞溶液浸泡15分钟,无菌水冲洗4~5次,再用高锰酸钾消毒,再用无菌水冲洗4~5次,然后放在无菌滤纸上。

②初代培养基准备。以MS培养基为接种的基本培养基,另外加入0.5毫克/升6-BA+0.5毫克/升NAA+蔗糖30克/升+琼脂6克/升,pH为5.8。

③用肥皂把手洗干净并擦干,再用75%酒精消毒,待手上酒精干后,点上酒精灯,将剪子、镊子、培养皿等所需用具在酒精灯上进行消毒。

(2)接种初代培养　将兰州百合的鳞片接种于培养基上。每组接种2瓶,每瓶接种3块外植体。培养条件:22~25℃;光照12小时/天,光照强度1 800~2 000勒克斯。每

3 天进行观察和记录鳞片的变化情况,15 天左右鳞片的颜色会发生变化,由白色开始变紫色,培养 23 天左右鳞片由淡绿色变为绿色,鳞片凹面的边缘和中间会有大量突起,当突起变成 0.5～2.0 厘米的绿色小芽时,就可进行继代培养。

4.试管苗扩繁

(1)扩繁前的准备。

①扩繁培养基的制备。扩繁培养基以 MS 培养基为扩繁基本培养基,外加 6-BA 0.5 毫克/升＋NAA 1 毫克/升＋蔗糖 30 克/升＋琼脂 6 克/升,pH 为 5.8。

②将接种用具在超净工作台上用紫外线灯消毒 20～30 分钟,关掉紫外线灯,打开日光灯和吹风机。

③用肥皂把手洗干净并擦干,再用 75％酒精消毒,待手上酒精干后,点上酒精灯,将剪子、镊子、培养皿等所需用具在酒精灯上进行消毒。

(2)接种扩繁。在无菌条件下摘取初代培养的不定芽,接种在已配制好的继代培养基内进行培养。每 3 天进行观察记录生长情况,培养 15 天后观察增殖情况,并对生长状况做出评价。

(3)判断标准。

健壮:丛芽质量好,芽生长快;

较壮:叶片较整齐,叶色翠绿;

一般:丛芽过于紧密,生长慢;

细弱:叶片卷曲,单芽质量很差。

5. 生根培养

以 1/2MS＋0.2 毫克/升 NAA＋0.5 毫克/升 6-BA＋50
克/升蔗糖＋琼脂 6 克/升作为生根基础培养基进行试验。
方法如下：

在无菌条件下,将高 2 厘米以上的增殖芽从丛生芽块上
切成单株作为生根苗接种到配制好的生根培养基中进行生
根培养。每 3 天进行观察,记录其生长情况,培养 25～35 天
进行观察统计苗高和生长状态评价,将生长健壮,苗高均匀
且生长状态好,抽出的新叶多,叶片展开好的植株进行炼苗
移栽。

【注意事项】

在使用提前配制的母液时,应在量取各种母液之前,轻
轻摇动盛放母液的瓶子,如果发现瓶中有沉淀、悬浮物或被
微生物污染,应立即淘汰这种母液,重新进行配制;用量筒或
移液管量取培养基母液之前,必须用少量的母液将量筒或移
液管润洗 2 次。

【问题处理】

①兰州百合植株诱导的不定芽越多,其培养基就越适合
兰州百合的离体培养。

②培养基的 pH 控制在 5.8,pH 影响培养基凝固程度和
材料吸收营养。

③植物组织培养的失败往往是由材料消毒不彻底、培养
基及接种工具灭菌程度不够等造成的,应严格按照组织培养
的技术流程进行操作,做好灭菌环节,防止细菌感染。

第四节　芦笋组织培养育苗技术

芦笋又名"荻笋""南荻笋",为百合科植物石刁柏的嫩芽,因形似芦苇的嫩芽和竹笋,故称为芦笋。中国东北、华北等地均有野生芦笋,东北人称之为"药鸡豆子"。芦笋营养丰富,风味独特,集天然野生和绿色有机等特点于一体,在国际市场上享有"蔬菜之王"的美称,芦笋富含多种氨基酸、蛋白质和维生素,其含量均高于一般水果和菜蔬,特别是芦笋中的天冬酰胺和微量元素硒、钼、铬、锰等,具有调节机体代谢,提高身体免疫力的功效,在对高血压、心脏病、白血病、水肿、膀胱炎等的预防和治疗中,具有很强的抑制作用和药理效应。芦笋以嫩茎供食用,质地鲜嫩,风味鲜美,柔嫩可口,烹调时切成薄片,炒、煮、炖、凉拌均可。

芦笋是中国出口创汇的主要蔬菜产品之一,其中山东省是芦笋生产的主要基地,在全国芦笋生产和出口中占有举足轻重的地位。中国的芦笋主要销往美国、日本、欧洲等国和中国香港。

芦笋在生产中主要采用种子繁殖,是典型的雌雄异株植物。种子繁殖整齐度较差,分株繁殖速度慢,繁殖系数低,因此生产优质的芦笋种苗是限制芦笋业发展的一个重要问题。利用组织培养方法培养芦笋种苗,对提高芦笋品质和产量具有重要意义。

【工作内容】

1. 初代培养

(1)接种培养准备。

①用肥皂把手洗干净并擦干,再用75%酒精消毒,待手上酒精干后,点上酒精灯,将剪子、镊子、培养皿等所需用具在酒精灯上进行消毒。

②选取芦笋的茎作为外植体,用流动自来水冲洗2小时,再用蒸馏水洗1～2遍。在超净工作台上采用0.1%升汞溶液浸泡15分钟,无菌水冲洗4～5次,再用高锰酸钾消毒,再用无菌水冲洗4～5次,然后放在无菌滤纸上。

③以MS培养基为接种的基本培养基,并加入植物生长调节剂,将pH调至5.8。培养基配方为0.1毫克/升6-BA＋0.1毫克/升NAA＋蔗糖30克/升＋琼脂6克/升。

(2)接种初代培养　将芦笋的茎段接种于培养基上。每组接种2瓶,每瓶接种3块外植体。培养条件:22～25℃;光照12小时/天,光照强度1 800～2 000勒克斯。每3天进行观察和记录外植体的变化情况,当形成大量遇上组织后可进行继代培养。

2. 试管苗扩繁

(1)扩繁前的准备。

①扩繁培养基的制备。扩繁培养基以MS培养基为扩繁基本培养基,外加6-BA 0.5毫克/升＋NAA 1毫克/升＋蔗糖30克/升＋琼脂6克/升,pH为5.8。

②将接种用具在超净工作台上用紫外线灯消毒20～30

分钟,关掉紫外线灯,打开日光灯和吹风机。

③用肥皂把手洗干净并擦干,再用 75%酒精消毒,待手上酒精干后,点上酒精灯,将剪子、镊子、培养皿等所需用具在酒精灯上进行消毒。

(2)接种扩繁　在无菌条件下摘取初代培养的不定芽,接种在已配制好的继代培养基内进行培养。每 3 天进行观察记录生长情况,培养 15 天后观察增殖情况,并对生长状况做出评价。

3.生根培养

以 1/2 MS+0.2 毫克/升 NAA+0.5 毫克/升 6-BA+50 克/升蔗糖+琼脂 6 克/升作为生根基础培养基进行试验。方法如下:

在无菌条件下将高 2 厘米以上的增殖芽从丛生芽块上切成单株作为生根苗接种到配制好的生根培养基中进行生根培养。每 3 天进行观察,记录其生长情况,培养 25～35 天进行观察统计苗高和生长状态评价,将生长健壮,苗高均匀且生长状态好,抽出的新叶多,叶片展开好的植株进行炼苗移栽。

【注意事项】

在使用提前配制的母液时,应在量取各种母液之前,轻轻摇动盛放母液的瓶子,如果发现瓶中有沉淀、悬浮物或被微生物污染,应立即淘汰这种母液,重新进行配制;用量筒或移液管量取培养基母液之前,必须用少量的母液将量筒或移液管润洗 2 次。

【问题处理】

①培养基的 pH 控制在 5.8，pH 影响培养基凝固程度和材料吸收营养。

②植物组织培养的失败往往是由材料消毒不彻底、培养基及接种工具灭菌程度不够等造成的，应严格按照组织培养的技术流程进行操作，做好灭菌环节，防止细菌感染。

第五节　辣椒组织培养育苗技术

辣椒是茄科辣椒属的一年生草本植物。辣椒是日常食用的大众化蔬菜，其果实含有辣椒素能增进食欲，辣椒中维生素 C 的含量在蔬菜中居第一位。同时，辣椒还具有很高的观赏价值，目前在观光农业中有很好的应用。

辣椒在育苗过程中很容易感染病害，出苗率高，但是成活率低。因此，可以利用组织培养技术提高辣椒育苗的成活率，减少辣椒苗感染病害的概率，并脱除各类病毒，提纯复壮植物，有效培养新品种，创造新型植物种类。采用组织培养直接诱变和筛选出抗病、抗虫、抗盐等优良性状的品种。

【工作内容】

1. 初代培养

（1）接种培养准备。

①用肥皂把手洗干净并擦干，再用 75％酒精消毒，待手上酒精干后，点上酒精灯，将剪子、镊子、培养皿等所需用具在酒精灯上进行消毒。

②选取辣椒的茎尖作为外植体,用流动自来水冲洗 2 小时,再用蒸馏水洗 1～2 遍。在超净工作台上采用 0.1% 的升汞溶液浸泡 15 分钟,无菌水冲洗 4～5 次,再用高锰酸钾消毒,再用无菌水冲洗 4～5 次,然后放在无菌滤纸上。

③以 MS 培养基为接种的基本培养基,并加入植物生长调节剂,将 pH 调至 5.8。培养基配方为 0.1 毫克/升 6-BA＋0.1 毫克/升 NAA＋蔗糖 30 克/升＋琼脂 6 克/升。

(2)接种初代培养 将辣椒的茎尖接种于培养基上。每组接种 2 瓶,每瓶接种 3 块外植体。培养条件:22～25℃;光照 12 小时/天,光照强度 1 800～2 000 勒克斯。每 3 天进行观察和记录外植体的变化情况,当形成大量遇上组织后可进行继代培养。

2.试管苗扩繁

(1)扩繁前的准备。

①扩繁培养基的制备。扩繁培养基以 MS 培养基为扩繁基本培养基,外加 6-BA 0.5 毫克/升＋NAA 1 毫克/升＋蔗糖 30 克/升＋琼脂 6 克/升,pH 为 5.8。

②将接种用具在超净工作台上用紫外线灯消毒 20～30 分钟,关掉紫外线灯,打开日光灯和吹风机。

③用肥皂把手洗干净并擦干,再用 75% 酒精消毒,待手上酒精干后,点上酒精灯,将剪子、镊子、培养皿等所需用具在酒精灯上进行消毒。

(2)接种扩繁 在无菌条件下分割初代培养诱导出的愈伤组织,转接在已配制好的继代培养基内进行培养。每 3 天进行观察记录生长情况,培养15天后观察增殖情况,并对生长状况做出评价。

　　3. 生根培养

　　以 1/2 MS+0.2 毫克/升 NAA+0.5 毫克/升 6-BA+GA 0.5 毫克/升+50 克/升蔗糖+琼脂 6 克/升作为生根基础培养基进行试验。方法如下:

　　在无菌条件下将高 2 厘米以上的增殖芽从丛生芽块上切成单株作为生根苗接种到配制好的生根培养基中进行生根培养。每 3 天进行观察,记录其生长情况,培养 25～35 天进行观察统计苗高和生长状态评价,将生长健壮,苗高均匀且生长状态好,抽出的新叶多,叶片展开好的植株进行炼苗移栽。

　　4. 炼苗移栽

　　移栽前将培养苗不开口移到自然光照下接受自然光的照射 2～3 天,然后解开棉塞,开口炼苗 1～2 天,逐渐适应外界环境。炼苗 3～5 天后,从试管中取出发根的小苗,用清水洗掉根部黏着的培养基,以防残留的培养基滋生杂菌,影响移栽成活率。

　　栽培常用基质以河沙为主,适当配置珍珠岩、蛭石等。栽植前将基质浇透水,栽后轻浇薄水。移栽后的环境要保持一个高湿的环境,保证空气湿度 90% 以上,然后在逐渐降低空气湿度。栽植较嫩幼苗时用筷子粗的小棍在基质中插入小孔,再将小苗插入,防止弄伤幼根。

　　在温室内培养 20～35 天后,再移栽到田间正常生长。

【注意事项】

①在使用提前配制的母液时,应在量取各种母液之前,轻轻摇动盛放母液的瓶子,如果发现瓶中有沉淀、悬浮物或被微生物污染,应立即淘汰这种母液,重新进行配制;用量筒或移液管量取培养基母液之前,必须用少量的母液将量筒或移液管润洗 2 次。

②试管苗移栽是组织培养技术实现快速繁殖的关键,应尽量提高移栽成活率。控制好环境湿度,对栽培基质做好消毒工作。

【问题处理】

①培养基的 pH 控制在 5.8,pH 影响培养基凝固程度和材料吸收营养。

②植物组织培养的失败往往是由材料消毒不彻底、培养基及接种工具灭菌程度不够等造成的,应严格按照组织培养的技术流程进行操作,做好灭菌环节,防止细菌感染。

第六节　番茄组织培养育苗技术

番茄(西红柿、洋柿子)是茄科番茄属的多年生草本植物。番茄果实营养丰富,具有特殊风味,可以生食、煮食、加工制成番茄酱、汁或整果罐藏,是世界上栽培最为普遍的果菜之一。美国、俄罗斯、意大利和我国是主要的生产国家。目前我国栽植的优良番茄品种多数是从国外进口的,进口的种子价格较贵,而自制种子很难保证原种的优良特性。番茄以传统的种子繁殖法,在栽培过程中容易受到多种病虫害、干旱、寒冷等因素影响,而导致品种质量变差、产量降低等。利用组织培养技术则可保证原种的优良特性,还可以在短期获得大量种苗,实现番茄的快速繁殖。

【工作内容】

　　1.初代培养

　　(1)接种培养准备。

　　①用肥皂把手洗干净并擦干,再用 75% 酒精消毒,待手上酒精干后,点上酒精灯,将剪子、镊子、培养皿等所需用具在酒精灯上进行消毒。

　　②选取番茄的种子作为外植体,用流动自来水冲洗 2 小时,再用蒸馏水洗 1～2 遍。在超净工作台上采用 0.1% 的升汞溶液浸泡 15 分钟,无菌水冲洗 4～5 次,再用高锰酸钾消毒,再用无菌水冲洗 4～5 次,然后放在无菌滤纸上。

　　③以 MS 培养基为接种的基本培养基,并加入植物生长调节剂,将 pH 调至 5.8。培养基配方为 0.5 毫克/升 6-BA＋1 毫克/升 NAA＋蔗糖 30 克/升＋琼脂 6 克/升。

　　(2)接种初代培养　将番茄的种子接种于培养基上。每组接种 2 瓶,每瓶接种 4 块外植体。培养条件:22～25℃;光照 12 小时/天,光照强度 1 800～2 000 勒克斯。每 3 天进行观察和记录外植体的变化情况,培养出无菌苗备用。

　　在无菌条件下,剪取无菌苗的叶片和茎段作为外植体,接种到准备好的愈伤组织诱导培养基(MS＋0.5 毫克/升 NAA＋1 毫克/升 6～BA＋IAA0.5 毫克/升＋蔗糖 30 克/

升＋琼脂 6 克/升）上，每瓶接种 3～4 块，每 3 天观察一次，并做好记录，两周后统计愈伤组织诱导率。

2.试管苗扩繁

（1）扩繁前的准备。

①扩繁培养基的制备。扩繁培养基以 MS 培养基为扩繁基本培养基，外加 6-BA 0.5 毫克/升＋NAA 1 毫克/升＋蔗糖 30 克/升＋琼脂 6 克/升，pH 为 5.8。

②将接种用具在超净工作台上用紫外线灯消毒 20～30 分钟，关掉紫外线灯，打开日光灯和吹风机。

③用肥皂把手洗干净并擦干，再用 75％酒精消毒，待手上酒精干后，点上酒精灯，将剪子、镊子、培养皿等所需用具在酒精灯上进行消毒。

（2）接种扩繁　在无菌条件下分割初代培养诱导出的愈伤组织，转接在已配制好的继代培养基内进行培养。每 3 天进行观察记录生长情况，培养 15 天后观察增殖情况，并对生长状况做出评价。

3.生根培养

以 1/2 MS＋0.2 毫克/升 NAA＋0.5 毫克/升 6-BA＋50 克/升蔗糖＋琼脂 6 克/升作为生根基础培养基进行试验。方法如下：

在无菌条件下将高 2 厘米以上的增殖芽从丛生芽块上切成单株作为生根苗接种到配制好的生根培养基中进行生根培养。每 3 天进行观察，记录其生长情况，培养 25～35 天进行观察统计苗高和生长状态评价，将生长健壮，苗高均匀且生长状态好,抽出的新叶多,叶片展开好的植株进行炼苗移栽。

4. 炼苗移栽

移栽前将培养苗不开口移到自然光照下接受自然光的照射 2～3 天,然后解开棉塞,开口炼苗 1～2 天,逐渐适应外界环境。炼苗 3～5 天后,从试管中取出发根的小苗,用清水洗掉根部黏着的培养基,以防残留的培养基滋生杂菌,影响移栽成活率。

栽培常用基质以河沙为主,适当配置珍珠岩、蛭石等。栽植前将基质浇透水,栽后轻浇薄水。移栽后的环境要保持一个高湿的环境,保证空气湿度 90% 以上,然后在逐渐降低空气湿度。栽植较嫩幼苗时用筷子粗的小棍在基质中插入小孔,再将小苗插入,防止弄伤幼根。

在温室内培养 20～35 天后,再移栽到田间正常生长。

【注意事项】

①在使用提前配制的母液时,应在量取各种母液之前,轻轻摇动盛放母液的瓶子,如果发现瓶中有沉淀、悬浮物或被微生物污染,应立即淘汰这种母液,重新进行配制;用量筒或移液管量取培养基母液之前,必须用少量的母液将量筒或移液管润洗 2 次。

②番茄组织培养具有很强的基因特异性,要选择合适的培养基。

③试管苗移栽是组织培养技术实现快速繁殖的关键,应尽量提高移栽成活率。控制好环境湿度,对栽培基质做好消

毒工作。

【问题处理】

①培养基的 pH 控制在 5.8,pH 影响培养基凝固程度和材料吸收营养。

②植物组织培养的失败往往是由材料消毒不彻底、培养基及接种工具灭菌程度不够等造成的,应严格按照组织培养的技术流程进行操作,做好灭菌环节,防止细菌感染。

复习思考题

1. 简述继代培养、试管苗驯化的概念。

2. 简述 MS 培养基的营养成分。

3. 怎样配制 MS 培养基?

4. 芦笋茎段组织培养过程分为哪几个步骤?

5. 兰州百合壮苗的标准有哪些?

6. 配制培养液应注意哪些问题?

7. 简述兰州百合组织培养技术。

8. 简述辣椒脱毒培养技术。

9. 试述番茄离体培养再生体系的建立。

第七章 工厂化育苗技术

知识目标　理解工厂化育苗设施设备。
　　　　　理解工厂化育苗技术特点。
　　　　　掌握西瓜工厂化育苗技术。
能力目标　掌握工厂化育苗设施设备。
　　　　　掌握工厂化育苗营养液的配制方法。
　　　　　掌握工厂化育苗技术。
　　　　　熟悉西瓜工厂化育苗技术。

第一节　工厂化育苗的设施及设备

【工作内容】

1. 催芽室

催芽室是进行种子浸种、消毒处理、催芽的密闭场所。催芽室应保持室温 28～30℃,相对湿度保持 85%～90%。催芽也可用恒温培养箱。催芽室是一种能自动控制温度和湿度,促进种子萌发出芽的设施,最好用保温彩钢板做墙体及房顶,既便于保温,也有利于清洁、消毒,催芽室内应配套自动喷雾增湿装置、照明设备、空调。

2. 绿化室

绿化室是供幼苗子叶时期生长的场所。一般用日光温室或者连栋温室。用于幼苗培育的温室。绿化室要求具有良好的透光性和保温性，能够使幼苗出土后按预定要求的指标管理。现代工厂化育苗温室一般装备有育苗床架、加温、降温、排湿、补光、遮阳、营养液配制、输送、行走式营养液喷淋器等系统和设备。

3. 分苗室

分苗室是供分苗或者移苗后育成大苗的场所。各地一般是用连栋温室比较多。主要有种子处理设备、基质消毒设备、灌溉和施肥设备、种苗储运设备、打孔器、覆料机、喷雾系统、移苗机、移植操作台、传送带等，可视需要加以配备。

4. 育苗盘

香瓜选 32 孔穴盘，黄瓜、西瓜选 50 孔穴盘，番茄、茄子选 72 孔穴盘，辣椒选 105 孔穴盘。用肥皂水、2% 次氯酸钠水溶液、洁净的自来水等清洗育苗容器，并晾晒。

5. 育苗基质

育苗基质应有较大的孔隙度，化学性质稳定，对秧苗无毒害。常用的基质材料有草炭、蛭石、珍珠岩、炭化稻壳、沙、炉渣等基质。

6. 营养液

育苗营养液必须具备氮、磷、钾、钙、镁、硫、铁、锌、锰、铜、硼、钼、氯、钠等 14 种大量元素与微量元素。常用营养液配方见表 7-1。

表 7-1　常用营养液配方　　　　　毫克/升

种类	名称	含量
大量元素（母液Ⅰ）	硝酸钙	800
	硫酸镁	200
	硝酸钾	200
	磷酸二氢钾	200
微量元素配方	H_3BO_3	3
	$MnSO_4 \cdot 4H_2O$	2
	$ZnSO_4 \cdot 7H_2O$	0.05
	$Na_2B_4O_7 \cdot 10H_2O$	4.5
	$CuSO_4 \cdot 5H_2O$	0.22
	$FeSO_4 \cdot 7H_2O$	15
	$Na_2Fe\text{-}EDTA \cdot$ 螯合剂	24

【注意事项】

①选择合适的水源。

②调整合适的 pH，一般应调整至 5.5～6。

③调整合适的电导率值，适宜的电导率为 0.5～1.5 毫西门子/厘米。

第二节　工厂化育苗技术

工厂化育苗是发挥现代园艺设施装备功能，以基质为栽培载体，综合利用现代园艺技术，市场化运作、工厂化订单生产、特色明显的一项先进蔬菜育苗生产技术。

【工作内容】

1.育苗基质准备

选择基质的要求为保肥能力强,能供给根系发育所需要的养分,避免养分流失;保水能力强,避免基质水分快速蒸发;透气性好,避免根系缺氧;不易分解,有利于根系穿透,能支撑植物。能给苗充足的水分和养分,酸碱度适中,pH 为 5.5～6.5。无病原菌,每一批基质的质量必须保持一致。

生产上一般选用草炭、蛭石、珍珠岩作为基质,三者比例是 5：1：2,混匀。

2.种子处理

播种前应对种子进行适当的处理,如种子消毒、精选、发芽测试、活力检测、打破休眠、催芽等,以提高育苗效率及幼苗质量。

3.穴盘选择

选择黑色、方口、倒梯形的穴盘,常见的有 32 孔、40 孔、50 孔、72 孔、105 孔、128 孔、162 孔、200 孔、288 孔等。实际生产上还要综合考虑经济、作物种类、苗龄长短、回收利用等因素选择穴盘。

4.装盘

装盘时要均匀一致轻轻填充,然后刮去多余的基质,尽量让填充的基质一样多,播完种以后能均匀出苗,好管理。

5. 打孔

不同品种选择不同的打孔深度,茄果类一般打孔 1 厘米,叶菜类 0.5 厘米,瓜类 1.5 厘米,但并不是绝对的,生产上还要根据种粒的大小来确定打孔的深度。

6. 播种

播种之前为了预防土传病害的发生,可以进行药剂的预防,一般用百菌清 800 倍液进行喷雾。播种时直接用手将种子放在穴盘孔的中间,每孔播 1 粒,避免漏播。如经催芽处理的种子,播种时应注意不要折断露出的胚根,使胚根朝下,利于苗根系向下生长。

7. 覆盖

播种后,为保证种子周围有一定的湿度和透气性,通常在种子上覆盖粗蛭石或珍珠岩等基质。覆盖基质要均匀一致,根据品种确定适宜覆盖厚度。

8. 浇水

浇水时应一次浇透,可以看到穴盘底部稍有水渗出。

9. 催芽

放到催芽室进行催芽,注意保持温度和湿度。

10. 播后苗期的管理

(1)水分管理　对水分及氧气需求较高,利于发芽,相对湿度维持 95%～100%,供水以喷雾形式为佳。盖料后要进行一次大浇水,以浇透基质为准,这样才能保证种子的发芽,保证以后形成良好的根系。

（2）防病　防立枯病、猝倒病等要用百菌清。

（3）盖膜　浇足水后在穴盘表面覆一层薄膜，保水保温，到种子开始发芽、拱土的时候揭膜，防烧芽烫芽。

（4）温度　出苗前温度应比出苗后温度高 2～3℃，要求控制棚温达到 28～30℃。

11. 出苗后的管理

（1）水分　穴盘育苗水分蒸发快，容易缺水，但水又不能很大，涝了易烂根和徒长，这时期水分供给稍减，相对湿度降到 80％。一般晴天要求喷两次水，上午、下午各一次，每次浇水达到穴孔的一半就可以，阴天喷一次水，上午喷了下午就不用喷了。注意不能缺水，缺水就容易打蔫，影响花芽分化，导致产量下降。

（2）养分　结合浇水，必要时注意加入肥料或使用营养液。

（3）温度　黄瓜白天 25～28℃，晚上 12～15℃。

（4）防病　多菌灵 500 倍液，10～15 天喷 1 次，连喷 2～3 次，阴天用烟雾机 250～300 克/亩，下午、傍晚熏。

【注意事项】

在病虫害防治上强化温室消毒与防虫网应用。重点预防根腐病、根结线虫病、枯萎病等土传病害。设施通风口用 30～40 目防虫网，阻止蚜虫、白粉虱、蓟马、美洲斑潜蝇成虫迁入。设施内应用杀虫灯、张挂黄（蓝）粘板诱杀害虫。

第三节　西瓜工厂化育苗技术

【工作内容】

1. 育苗基质准备

生产上一般选用草炭、蛭石、珍珠岩作为基质,三者混匀,比例是 7∶1∶2。

2. 种子处理

西瓜种子种皮厚而坚硬,吸水慢,可用开水烫种,既有消毒作用,又能使种皮变软,加快种子吸水。其方法是取干燥的种子装在容器中,用冷水浸没种子,再用开水边倒边顺着一个方向搅动,使水温达到 70～75℃,10 秒后停止搅拌,加入一些冷水,使水温降至 50℃,浸泡 10 分钟左右,以后在 30℃水中浸 8～10 小时。70℃的水温已超过花叶病毒的致死温度,能使病毒钝化,又有杀菌作用。浸种过程中用手把种子表面黏液搓洗干净,去掉杂物,促进吸水和发芽。

3. 穴盘选择

选择黑色、方口、倒梯形的穴盘,常见的有 32 孔、40 孔等。实际生产上还要综合考虑经济、作物种类、苗龄长短、回收利用等因素选择穴盘。

4. 装盘

装盘时要均匀一致轻轻填充,然后刮去多余的基质,尽量让填充的基质一样多,播完种以后能均匀出苗,好管理。

5. 打孔

打孔深度 1.5 厘米。

6. 播种

播种之前为了预防土传病害的发生,可以进行药剂的预防,一般用百菌清 800 倍液进行喷雾。播种时直接用手将种子放在穴盘孔的中间,每孔播 1 粒,避免漏播。

7. 覆土

在种子上覆盖粗蛭石或珍珠岩等基质。覆盖基质要均匀一致,根据品种确定适宜覆盖厚度。厚度一般 1 厘米。

8. 浇水

浇水时应一次浇透,可以看到穴盘底部稍有水渗出。

9. 催芽

放到催芽室进行催芽,注意保持温度和湿度。

10. 播后苗期的管理

(1)温度 西瓜出苗前温度保持 25～30℃,夜晚保温。出苗后至第一片真叶出现前,温度保持在 25～30℃。第一片真叶展开后,温度应保持 20～25℃,定植前 1 周保持在 20℃。

(2)湿度 前期要严格控制湿度,在底水浇足的基础上,尽可能不浇水或少浇水,以免降低床温和增加湿度。后期随通风量的增加,可在晴天上午用喷壶适当补水。

(3)通风和光照 通风时要看苗、看天。开始小放,逐渐大放,低温时不放,高温时大放。一般在上午 9:00—10:00,在背风一边支一小口,然后逐渐增大,下午减小,16:00—17:00封严。在温度适合情况下,要早揭晚盖,并轻轻拍掉塑料薄膜内壁上的水珠,提高透光度,尽量增加光照。

(4)病害　猝倒病是苗期主要病害,在气温低,土壤湿度大时发病严重,该病菌在15～16℃时繁殖较快,遇阴天或寒流侵袭时发生相当普遍。可用苗菌敌20克掺细干土15千克撒于苗床防治或用50%多菌灵600倍液、甲基托布津1 000倍液喷雾防治。在真叶期喷洒绿亨一号,防病效果明显。

西瓜、冬瓜及甜瓜易发枯萎病,西瓜全生育期都可发病。发病时子叶萎蔫或全株萎蔫死亡,茎部变褐缢缩,成为猝倒状,属真菌病害。在24～32℃、空气湿度90%以上易发病,若连续阴雨,病势发展迅速,一般采用以下综合防治措施:①选用抗病品种;②用5年以上没种过瓜类的田土配制床土;③用瓟瓜、葫芦做砧木,西瓜良种作接穗进行嫁接;④发病前或发病初期,用40%多菌灵胶悬剂兑水400倍,或5%菌毒清可湿性粉剂800倍液灌根,每株药液量0.25千克,7～10天1次,连续2～3次,有一定防治效果。

11.西瓜适龄壮苗的标准

子叶及真叶宽大而厚实,叶色浓绿,叶片上密布茸毛,并有白色的蜡质层;下胚轴粗壮,叶柄较短且粗壮;根系发达,侧根多;具有4～5片展开叶。一般育苗期为35～40天。

复习思考题

1. 工厂化育苗技术的特点有哪些？
2. 工厂化育苗营养液都有哪些？怎样配比？
3. 西瓜工厂化育苗技术要求是什么？
4. 西瓜工厂化育苗中病虫害怎样防治？

参 考 文 献

[1] 高丽红,李良俊.蔬菜设施育苗技术问答.北京:中国农业大学出版社,1998.

[2] 陈景长,等.蔬菜育苗手册.北京:中国农业大学出版社,2000.

[3] 陈贵林,等.草莓周年生产技术问答.北京:中国农业出版社,1998.

[4] 赵庚义.花卉育苗技术手册.北京:中国农业出版社,2000.

[5] 胡金良.植物学.北京:中国农业大学出版社,2012.

[6] 迟淑娟,等.西葫芦 冬瓜 苦瓜四季生产技术问答.北京:中国农业出版社,1998.